广西壮族自治区科学技术厅

广西
创新联合体建设的
理论与实践

许桂霞 陆桂军 著

GUANGXI NORMAL UNIVERSITY PRESS
广西师范大学出版社
·桂林·

广西创新联合体建设的理论与实践
GUANGXI CHUANGXINLIANHETI JIANSHE DE LILUN YU SHIJIAN

图书在版编目（CIP）数据

广西创新联合体建设的理论与实践 / 许桂霞，陆桂军著. 桂林：广西师范大学出版社，2025.6. -- （广西壮族自治区科学技术情报研究所智库丛书）. -- ISBN 978-7-5598-7682-9

Ⅰ.G322.767

中国国家版本馆CIP数据核字第2024F9Z438号

广西师范大学出版社出版发行

（广西桂林市五里店路9号　邮政编码：541004）
（网址：http://www.bbtpress.com）

出版人：黄轩庄
全国新华书店经销
广西广大印务有限责任公司印刷
（桂林市临桂区秧塘工业园西城大道北侧广西师范大学出版社集团有限公司创意产业园内　邮政编码：541199）
开本：720 mm×1 010 mm　1/16
印张：11　字数：221千
2025年6月第1版　2025年6月第1次印刷
定价：158.00元

如发现印装质量问题，影响阅读，请与出版社发行部门联系调换。

前　言

在全球创新范式深刻重构的背景下,重大科技创新的难度和复杂性不断提高,单兵突进难以实现。创新联合体作为我国新提出的联合攻关组织,是关键核心技术攻坚战的主力军,是战略科技力量的重要组成部分。近年来,中央多次强调以构建创新联合体的形式推进科技创新,习近平总书记提出"要发挥企业出题者作用,推进重点项目协同和研发活动一体化,加快构建龙头企业牵头、高校院所支撑、各创新主体相互协同的创新联合体",各地政府也正在积极引导和支持创新联合体建设。但目前地方实践尚处于初始阶段,相关研究还不够深入,对部分核心问题的认识尚不一致。本书聚焦创新联合体如何建、如何管、如何运作的重大理论和实践问题,总结国内部分省(区、市)创新联合体组建及发展的政策措施,剖析广西创新联合体的组建及发展现状与存在的问题,为加快广西创新联合体组建及发展提供系统全面的决策参考。

目 录 Contents

第1章 绪 论 ·· 001
1.1 研究背景及意义 ·· 001
1.1.1 研究背景 ··· 001
1.1.2 研究意义 ··· 003
1.2 国内外研究现状分析与评价 ··· 005
1.2.1 研究领域分析 ··· 005
1.2.2 国内外研究现状 ··· 007
1.2.3 国内外研究现状评述 ··· 010
1.3 研究思路与方法 ·· 011
1.3.1 研究思路 ··· 011
1.3.2 研究方法 ··· 012
1.4 研究内容与创新 ·· 013
1.4.1 研究内容 ··· 013
1.4.2 研究创新 ··· 014

第2章 创新联合体理论基础与分析框架 ·· 016
2.1 创新联合体相关概念界定 ··· 016
2.1.1 创新联合体的政策内涵 ··· 016
2.1.2 产业技术创新战略联盟与创新联合体的区别 ·················· 018
2.1.3 欧美研究联合体与我国创新联合体的区别 ······················ 019
2.2 创新联合体的核心要素和主要特征 ··· 021

2.2.1 创新联合体的核心要素 ··· 021
2.2.2 创新联合体的主要特征 ··· 023
2.3 创新联合体发展的相关理论 ··· 024
2.3.1 知识生产模式转型理论 ··· 024
2.3.2 发明与发现循环理论 ··· 026
2.3.3 知识三角理论 ··· 028
2.3.4 协同创新理论 ··· 029
2.3.5 合作创新理论 ··· 030
2.3.6 主体融通创新博弈模型 ··· 031
2.4 组建创新联合体的重要意义 ··· 032
2.4.1 应对国际竞争形势，促进科技自立自强 ······································· 032
2.4.2 破解科技和经济"两张皮"的困局，推动科技创新和产业创新深度融合 ··· 032
2.4.3 彰显"有为政府"的力量，提高创新体系的整体效能 ··············· 033
2.4.4 推动创新链与人才链融合，共建人才"蓄水池" ······················· 033
2.5 国家层面关于创新联合体的政策演进 ··· 034

第3章 广西创新联合体组建发展现状分析 ··· 036
3.1 广西创新联合体组建发展基本情况 ··· 036
3.1.1 牵头单位地域分布情况 ··· 037
3.1.2 成员单位数量分布情况 ··· 038
3.1.3 服务产业领域分布情况 ··· 039
3.1.4 组建主体情况 ··· 039
3.1.5 人才培养情况 ··· 040
3.2 广西创新联合体组建发展主要成效 ··· 040
3.2.1 破除技术攻关"孤军奋战"，打造联合攻关新模式 ··················· 040
3.2.2 破除科研人才"孤立培育"，打造联合引育新模式 ··················· 041
3.2.3 破除成果转化"孤芳自赏"，打造产学研用一体化发展新模式 ··· 041
3.2.4 破除产业转型"瓶颈制约"，打造经济高质量发展的重要增长极 ··· 042
3.3 广西创新联合体组建发展存在的主要问题 ··· 042

3.3.1 创新主体目标诉求不一致……………………………042
3.3.2 领军企业引领带动作用不显著……………………043
3.3.3 组织机制和治理模式不清晰………………………044
3.3.4 项目支持和经费保障不到位………………………044
3.3.5 绩效评价考核机制未建立…………………………045
3.3.6 高端人才生态圈未形成……………………………045

第4章 广西创新联合体绩效评价研究与案例分析……………046
4.1 绩效评价体系的构建原则和流程………………………046
4.1.1 目的性原则…………………………………………047
4.1.2 系统性原则…………………………………………047
4.1.3 全面性原则…………………………………………047
4.1.4 可比性原则…………………………………………047
4.1.5 定量与定性相结合原则……………………………048
4.2 绩效评价体系内容的设计…………………………………048
4.2.1 评价体系的设计方法………………………………048
4.2.2 评价体系的主要内容………………………………049
4.3 评价模型的构建及评价方法………………………………050
4.3.1 综合评价方法的选择………………………………050
4.3.2 构建评价模型的理论基础…………………………050
4.3.3 关键运算步骤………………………………………051
4.3.4 广西创新联合体绩效评估指标体系………………055
4.3.5 广西创新联合体组建认定评估指标体系…………056
4.4 广西创新联合体典型案例分析……………………………058
4.4.1 新一代交通基础设施绿色智慧建管养技术及产业化创新联合体……………………………………058
4.4.2 青蒿素及小分子化药创新联合体…………………060
4.4.3 数智转型与产业化应用创新联合体………………063
4.4.4 智能网联商用汽车产业创新联合体………………064
4.4.5 基于双碳战略的低碳胶凝材料关键技术及产业化创新联合体……………………………………066
4.4.6 中药民族药研究开发及智能制造产业化创新联合体……067

4.4.7 西部陆海新通道（平陆运河）智慧绿色港航建设
创新联合体 068

第5章 国内创新联合体组建及发展的政策措施及借鉴启示 071

5.1 国内创新联合体组建及发展的政策措施 071
5.2 国内创新联合体组建及发展的经验做法 076
5.2.1 浙江省 076
5.2.2 北京市 080
5.2.3 上海市 083
5.2.4 江苏省 084
5.2.5 江西省 086
5.2.6 陕西省 088
5.3 国内知名创新联合体组建发展情况 090
5.3.1 上海集成电路材料创新联合体 090
5.3.2 北京生物种业创新联合体 092
5.3.3 3C智能制造创新联合体 093
5.3.4 江苏省高性能金属线材制品产业技术创新联合体 094
5.3.5 苏州市高功率半导体激光创新联合体 095
5.3.6 江西省铜产业科技创新联合体 096
5.3.7 河北省氢能产业创新联合体 096
5.3.8 西浦-百度人工智能创新联合体 097
5.4 国内创新联合体组建及发展的共性特点 099
5.4.1 功能定位：以突破产业关键共性技术为目标的协同创新组织 099
5.4.2 组建条件：行业领军企业牵头组建 100
5.4.3 目标导向：强化任务导向 101
5.4.4 运行机制：优势互补、分工明确 101
5.4.5 支持措施：政府提供多元化政策支持 103
5.5 长三角科技创新共同体建设的实施路径 103
5.5.1 共耕制度"试验田" 104
5.5.2 共蓄战略科技"硬实力" 105
5.5.3 共营创新生态"活力源" 106

5.6 长三角科技创新共同体协同创新典型案例 ······ 107
    5.6.1 超算互联网 ······ 108
    5.6.2 飞秒激光诱导复杂体系微纳结构研究 ······ 110
5.7 对广西创新联合体组建及发展的借鉴启示 ······ 111
    5.7.1 科学凝练任务榜单是组织开展科技攻关的首要任务 ······ 111
    5.7.2 强强联合突破瓶颈是提升科技攻关效率的务实举措 ······ 111
    5.7.3 领军企业牵引带动是补链强链协同攻关的主导力量 ······ 111
    5.7.4 实施绩效考评是加强联合体组织管理的重要环节 ······ 112
    5.7.5 明晰权责收益分配是推进成员单位有效合作的坚强保障 ······ 112

第 6 章 国外创新联合体案例分析 ······ 113

6.1 国外创新联合体组建发展典型案例 ······ 113
    6.1.1 美日先进存储研究联合体 ······ 113
    6.1.2 欧盟"地平线欧洲"计划 ······ 119
    6.1.3 日本超大规模集成电路计划 ······ 124
    6.1.4 美国半导体制造技术战略联盟 ······ 127
    6.1.5 法国竞争力集群计划 ······ 130
    6.1.6 德国光伏技术创新联盟 ······ 135
6.2 国外创新联合体的共性特点 ······ 137
    6.2.1 创新联合体普遍由行业龙头企业牵头组建 ······ 137
    6.2.2 政府在创新联合体内主要发挥协调引导作用 ······ 137
    6.2.3 创新联合体组织架构明晰、职能分工明确 ······ 138
    6.2.4 建立了以企业投入为主导、政府投入为补充的联合投入机制 ······ 138
    6.2.5 创新联合体普遍关注行业共性技术研发 ······ 139
6.3 借鉴并灵活运用国际先进经验 ······ 139

第 7 章 广西创新联合体组建及发展路径与对策 ······ 141

7.1 加快广西创新联合体组建及发展的总体构想 ······ 141
    7.1.1 指导思想 ······ 141
    7.1.2 基本原则 ······ 141
    7.1.3 发展目标 ······ 142

7.2 加快广西创新联合体组建及发展的路径选择 ……………… 142
    7.2.1 适应大势，加力布局 ……………………………………… 142
    7.2.2 携手行动，融通创新 ……………………………………… 143
    7.2.3 抱团发力，创新突围 ……………………………………… 143
7.3 加快广西创新联合体组建及发展的对策建议 ………………… 144
    7.3.1 明晰权益分配，健全利益分配与知识产权保护机制 …… 144
    7.3.2 培育领军企业，提升领军企业引领带动能力 …………… 145
    7.3.3 激发内在动力，构建有效激励引导体制机制 …………… 146
    7.3.4 强化项目牵引，加大创新联合体政策供给 ……………… 147
    7.3.5 开展绩效评价，形成科学系统的奖罚规则 ……………… 147
    7.3.6 加强人才引育，为创新联合体提供智力支撑 …………… 148
    7.3.7 多链深度融合，加速科技成果转化 ……………………… 148

参考文献 …………………………………………………………………… 150
附录1 广西壮族自治区创新联合体管理办法 ……………………… 152
附录2 广西壮族自治区创新联合体组建申请表 …………………… 161
附录3 广西壮族自治区创新联合体组建协议 ……………………… 165

第 1 章

绪　论

1.1　研究背景及意义

1.1.1　研究背景

创新联合体是以解决制约产业发展的关键核心技术问题为目标，以承担重大科技项目为主要任务，以市场机制为纽带，以自愿为原则，采取自发组织的方式，由创新资源整合能力强的行业龙头企业牵头，各成员单位分工合作，形成"核心层＋紧密合作层＋一般协作层"相互协作，产业链内上下游企业、高等学校、科研院所共同参与的体系化、任务型的创新合作组织和利益共同体。

当今世界，科技创新广度显著加大、深度显著加深、速度显著加快、精度显著加强，世界范围内科学研究范式的深刻变革和学科交叉融合导致科技创新难度持续上升、复杂度不断加大。单个企业仅凭自身力量，难以解决产业链上的所有问题，难以提升产业链整体竞争力，越是关键核心技术越需要合作攻关。必须采用跨组织创新、协同创新、创新网络等新的创新模式，构建创新联合体，形成推进科技创新的强大合力。同时，我国科技创新实现了从量的积累迈向质的飞跃，进入了以集成创新、原始创新为主的新阶段，踏上全面建设社会主义现代化国家新征程，我国经济社会发展和民生改善比过去任何时候都更加需要强化创新这个第一动力，解锁"从0到1"的原始创新的需求也更为迫切，应努力在原始创新上取得新突破，在重要科技领域实现跨越发展。这两方面的现实情况决定了构建创新联合体是我国科技发展的必然选择。必须加快构建龙头企业牵头、高校院所支撑、各创新主体相互协同的创新联合体，依靠市场机制和创新联合体内各主体的分工协作，引领我国科技创新走向世界前沿。

2020年，《中共中央关于制定国民经济和社会发展第十四个五年规划和二〇三五年远景目标的建议》（以下简称《建议》）提出"推进产学研深度融合，支持企业牵头组建创新联合体，承担国家重大科技项目"，将组建创新联合体作为提升企业创新能力的重要措施纳入国家中长期发展规划。《中华人民共和国科学技术进步法》（2021年修订）第三章"应用研究与成果转化"第三十一条："国家鼓励企业、科学技术研究开发机构、高等学校和其他组织建立优势互补、分工明确、成果共享、风险共担的合作机制，按照市场机制联合组建研究开发平台、技术创新联盟、创新联合体等，协同推进研究开发与科技成果转化，提高科技成果转移转化成效。"其中提到的"创新联合体"是首次被写入《中华人民共和国科学技术进步法》，意味着其法律地位的确立。在中国科学院第二十次院士大会、中国工程院第十五次院士大会、中国科协第十次全国代表大会上，习近平总书记强调，"要发挥企业出题者作用，推进重点项目协同和研发活动一体化，加快构建龙头企业牵头、高校院所支撑、各创新主体相互协同的创新联合体，发展高效强大的共性技术供给体系，提高科技成果转移转化成效"，为创新联合体加速发展增加了动力。组建创新联合体是提升企业技术创新能力、实现关键核心技术突破的有效组织形式。因此，探索组建创新联合体，彻底改变过去"单打独斗""拼盘式""形式化"联合的老路，走出一条目标明确、任务具体、产学研深度融合能长期稳定合作的协同创新之路成为时代之需。近年来，多个省（区、市）纷纷出台政策措施支持创新联合体发展，并在实际工作中取得显著成效，其中甘肃、浙江两省的创新联合体建设工作被纳入科技部科技体制改革典型案例。

为了深入贯彻习近平总书记关于加快构建龙头企业牵头、高校院所支撑、各创新主体相互协同的创新联合体的指示要求，广西迅速行动，积极组建创新联合体，2021年出台《广西壮族自治区创新联合体建设管理工作方案（试行）》，并结合自身传统特色优势，优先布局高性能新材料、生态环保、信息技术、大健康、交通等产业，截至2023年，已认定组建了15家创新联合体，以解决制约产业发展的关键核心技术问题为目标，以承担实施重大科技项目为主要任务，采取多种合作形式，加快突破"卡脖子"难题。从整体情况来看，广西仍然存在支撑全区重大发展战略的能力不足、政产学研用联动的科研攻关组织机制尚待完善、创新联合体的治理模式仍有待探索、高质量创新联合体集群和体系尚未形成等突出问题，严重制约了全区创新联合体建设走向规模化、体系化、规范化。因此，开展广西创新联合体组建及发展路径研究，进一步加强创新联合体的组织管理协调，规范创新联合体的建设显得尤为必要和紧迫。

1.1.2 研究意义

由龙头企业牵头并联合研究型大学、科研院所和其他大中小企业组建的创新联合体，旨在打破各创新主体间的壁垒，实现协同创新。进入新发展阶段后，实现高水平科技自立自强的国家战略目标对产学研协同创新提出了更高要求。习近平总书记在党的二十大报告中指出要"强化企业科技创新主体地位，发挥科技型骨干企业引领支撑作用，营造有利于科技型中小微企业成长的良好环境，推动创新链产业链资金链人才链深度融合。"这为推动"四链融合"指明了方向，提供了行动指南，进一步凸显了国家破除"创新孤岛"，汇聚跨界创新资源，组建创新联合体的战略导向。因此，在新形势下，研究广西创新联合体组建的主要作用、发展现状、存在的问题，明晰创新联合体组建及发展路径对于广西创新链、产业链、资金链、人才链深度融合互促具有重要的理论价值和现实意义。

（1）**本书可进一步丰富创新联合体理论研究成果，为构建新型"产学研用"科技创新模式提供理论支撑和引导**。改革开放以来，我国在产学研联合攻关方面不断探索实践。创新联合体是我国为应对复杂国际竞争形势、走向高水平科技自立自强而提出的一种创新型组织机制。创新联合体有明确的牵头方，因此在组织和运行模式上，与以往的产业技术创新联盟、研究联合体等联合攻关模式就有所不同。虽然"创新联合体"已经多次在党和国家领导人的重要讲话和政策文件中出现，但目前国家层面还没有发布创新联合体的建设指引等官方文件，国内部分省（区、市）已经根据对《建议》等国家文件的理解进行了先行先试。在学术文献方面，国内学者对组建创新联合体的研究与实践尚不深入，可用于借鉴分析的资源和案例较少。

合作机制方面，各参与方如何优势互补、明确分工、共享成果、共担风险，有待深入研究。因此，如何精准把握创新联合体的战略定位，结合各地经济社会发展战略，因地制宜地组建、运营创新联合体，已成为新发展阶段科技界、学界共同关注的重要理论和实践议题。本书将开展创新联合体理论分析，梳理创新联合体、技术创新联盟、战略联盟、产学研联盟、研究联合体等相关概念，以及科技创新理论、融通创新理论、协同创新理论等研究理论和拟采用的研究方法等，以丰富和完善现有创新联合体的理论研究成果。

（2）**本书有利于建立广西创新联合体绩效管理机制，提升创新联合体服务能力和建设水平**。目前，广西认定了多家创新联合体，但总体上来说，广西创新联合体组建仍处于初步探索阶段，在绩效管理方面缺乏完善的评估办法和规范，无法充分发挥绩效评估在提升创新联合体产出和服务上的导向作用。构建科学合理的创新联合体绩效评估体系对于提升创新联合体服务能力和建设水平尤为重要。因此，亟需构建一套基于管理需求和联合体功能定位的创新联合体绩效评估体系，对广西已认定的创新联合体的建设运行情况进行全面、客观的评价，并根据评价结果实现创新联合体的备案调整和奖惩。本书将在总结分析国内外创新联合体评价方法、评价体系及评价结果的基础上，结合广西创新联合体组建运行阶段的特点，构建具有广西特色的创新联合体绩效评估体系，并利用该评估体系，对广西创新联合体组建成效进行全方位的评价，进而提出广西创新联合体组建的发展路径及支持政策的意见建议。因此，本书有利于建立广西创新联合体绩效管理机制，提升创新联合体服务能力和建设水平。

（3）**本书有利于促进广西产学研融通创新，加快构建创新驱动的产业生态**。产业强则经济强。良好的产业生态是集聚产业、催生创新的土壤，也是塑造区域核心竞争力的关键。站在新一轮科技革命与全面建成社会主义现代化强国的历史交汇点上，面对系列重大机遇和区域发展挑战，广西迫切需要汇聚创新要素，加快构建龙头企业牵头、高校院所支撑、各创新主体相互协同的创新联合体，依靠市场机制和创新联合体内各主体的分工协作，以体系化重大任务为牵引，合力突破"卡脖子"技术难题，打造跨领域、多主体、全产业链集成的产业创新生态。本书将深入研究广西创新发展水平和发展阶段的特点，重点围绕广西产业结构和关键共性需求，提出未来创新联合体组建的主要领域、方向与发展规划建议，为政府加快组建创新联合体、拓展产学研用融合通道提供有效决策参考。因此，本书对于促进广西产学研融通创新，加快构建创新驱动的产业生态具有重要意义。

1.2 国内外研究现状分析与评价

1.2.1 研究领域分析

为深入了解国内外相关研究现状，本书以万方数据知识服务平台为基础，运用万方选题（WFTopic）进行了研究趋势分析、领域热点监测及演化分析、热点关联主题分析。

1. 研究趋势分析

2014～2023年，与"创新联合体"主题相似（标题、关键词、摘要包含"创新联合体"）的文献共有1016篇，标题中包含"创新联合体"的文献共有158篇，关键词中包含"创新联合体"的文献共有184篇，摘要中包含"创新联合体"的文献共有945篇。由此可见，目前学者对创新联合体的研究比较关注。

2014～2023年有关创新联合体的文献数量以较快的速度增长，与"创新联合体"主题相似的文献数量在2015～2018年和2019～2023年增长明显，具有较高的论文产出率与研究热度（图1-1）。

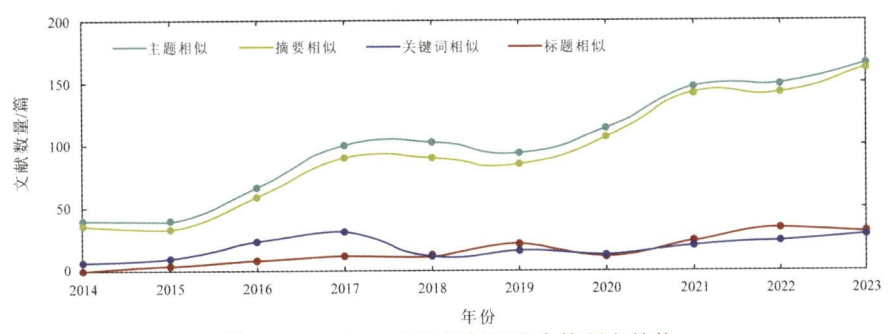

图 1-1　2014～2023年创新联合体研究趋势

2. 领域热点监测及演化分析

对2014年以来创新联合体领域研究论文中的热门主题词进行演化分析，发现2020～2023年新兴的研究热点有科技创新、关键核心、运行机制、产教联合体、产学研等（图1-2）。以运行机制为例，其相关研究主题有创新生态、研究联合体、协同创新、国家自主创新示范区。

2014～2017年	2016～2019年	2018～2021年	2020～2023年
医疗联合体	医疗联合体	农业产业化	协同创新
研究联合体	农业产业化	创新生态	研究联合体
医疗资源	研究联合体	研究联合体	创新生态
制度创新	医疗资源	农业产业化联合体	科技创新
创新型	科技学会	协同创新	关键核心
电子学会	制度创新	创新发展	运行机制
家庭农场	技术创新	乡村振兴	国家自主创新示范区
国务院	创新型	国家自主创新示范区	产教联合体
建设和发展	乡村振兴	组织创新	医疗联合体
创新驱动	电子学会	科技社团	产学研

图1-2 创新联合体研究热点监测及演化分析

3. 热点关联主题分析

随着创新联合体相关研究的发展，多个行业领域与学科领域都有其身影。对2014～2023年研究论文中的热点关联主题进行统计分析，可以发现创新联合体领域的20个关联主题中热度最高的5个主题分别是联合体、创新联合体、人类命运共同体、医疗联合体、农业产业化联合体（图1-3）。

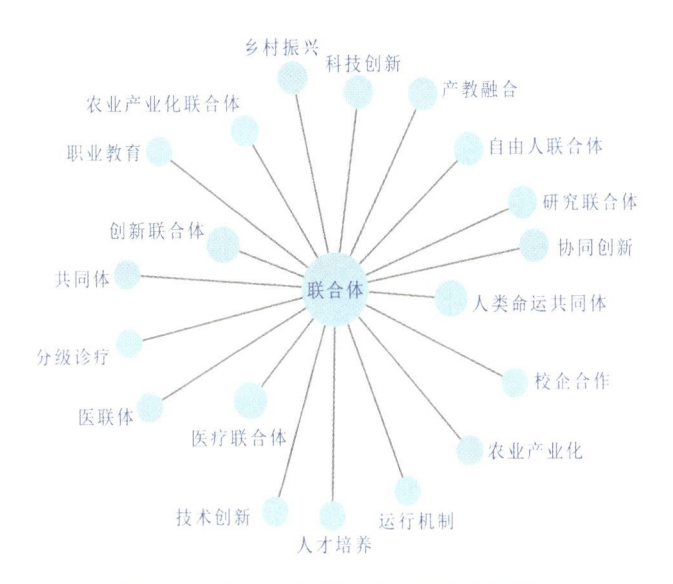

图 1-3 创新联合体研究热点关联主题分析

1.2.2 国内外研究现状

1. 以创新联合体的概念界定、功能定位为代表的研究热点

关于创新联合体最明确的表述出现于《建议》。张赤东和彭晓艺（2021）认为，国内对创新联合体概念及定位的认识存在较大差异，有必要对创新联合体的概念加以辨析。现存政策文献中有关产学研融合、产业技术创新战略联盟的概念与新提出的创新联合体概念之间既密切相关又存在明显的进步性、互补性和差异性。现存欧美国家研发合作与竞争政策文献中提出的研究联合体（research joint ventures，RJVs）概念与我国提出的创新联合体最为类似，但仅限于特定项目或特定领域研究。

关于创新联合体的概念界定，张赤东和彭晓艺（2021）认为要把握以下三点：①由创新型领军企业牵头组建，这是由《建议》明确的，表明创新联合体组建是由牵头企业发起，并在联合体的成员选择及组织结构设计上发挥主导作用；②创新联合体的使命在于承担并完成符合国家战略需求的研发任务，是国家目标导向下的技术研发攻关突破，是"任务型"的产学研高级合作研发组织；③创新联合体的使命决定了它需要调动全国的优势资源，是一种市场化的新型举国体制的探索形式。陈劲等（2017）提出了整合式创新理论，认为中国的科技创新必须应用系统观和整体观，迈向使命导向、战略视野引领下多元主体基于自主的开放协同。白京羽等（2020）将创新联合体与传统产业联盟进行对比，指出创新联合体的特征在于其具有实体组织或机构，并强调由企业通过主动整合其他科技创新资源，实现共同研发与成果共享。刘戒骄等（2021）从如何攻克关键核心技术的角度，提出由具有号召力的科技创新主体组织多方资源，以创新联合体的形式实现全面协同的科研。

2. 以协同创新为代表的研究热点

主要围绕协同创新的战略意义、动力机制、创新模型、创新模式及创新要素等展开研究。张力（2011）认为，协同创新具有重要战略意义，推进协同创新需要深入整合各方资源，在外部需求与内生动力之间实现平衡，构筑有利于提升协同创新水平的政策社会环境。周正等（2013）研究了协同创新的动力机制，发现技术推动力、市场需求拉动力、市场竞争压力、政府支持力是外部动力因素，利益驱动力、战略协同引导力、内部激励推动力、创新能力保障力是内部动力因素，并对健全内外部动力机制提出对策建议。许箫迪和王子龙（2005）对协同创新模型进行了研究，发现确立战略联盟目标的前提是识别市场机会，价值基础是风险分担与利益共享，创新动力、需求随时间推移呈现下降趋势，协同创新伴随任务目标完成而终止。喻金田和胡春华（2015）发现，协同创新合作伙伴选择中需要解决的两大问题是绩效提升和竞合关系，伙伴选择的关键要素是知识共享、相互兼容性、主体的能力及承诺，合理选择合作伙伴有利于提升协同创新能力。

3. 以产业技术创新战略联盟为代表的研究热点

主要围绕产业技术创新战略联盟的构建框架、运行机制、治理模式、冲突类型等展开研究。产业技术创新战略联盟作为产学研结合模式和机制的深化探索，有效弥补了产学研结合在实际中存在的问题缺陷，是以企业生存发展需求为基础、以产业共性技术创新和标准为纽带，所建立的制度化产学研利益共同体。李新男（2011）从四方面提出了构建产业技术创新战略联盟的设想，分析了新型产业技术创新战略联盟作为创新"产学研结合"组织模式的战略意义。张晓等（2009）在分析国外产业联盟模式的基础上，提出中国组建产业技术创新战略联盟的过程框架、运行模式及机制保障。邱晓燕和张赤东（2011）分析了产业技术创新战略联盟类型与政府支持的关系，认为产业技术创新战略联盟存在多种类型，政府对其的支持非常必要，并要按类型提供不同方式的支持与监管。周青等（2017）通过理论和实证分析发现，产业技术创新战略联盟成员目标不一致，资源投入不均衡，利益共享、信息沟通机制不健全均会与联盟任务、过程、关系产生进一步冲突，而文化同质性则会缓和冲突。

4. 以创新绩效为代表的研究热点

主要围绕影响产业技术创新战略联盟、国际研发联盟等（以下简称"联盟"）创新绩效的因素和相互关系展开研究，对联盟进行创新绩效评价有利于提升联盟实效性。潘东华和孙晨（2013）从科技水平提升、联盟建设、产业竞争力提升三方面构建了适用于联盟的创新绩效评价指标体系。刘元芳等（2006）发现，企业在创新网络中的信息可获性正向影响其创新能力，技术联盟和组织因素对企业获取外部创新资源有利，正向影响创新绩效。张明（2010）认为，企业在联盟中向合作伙伴学习新知识的同时，更应关注在企业边界内部创造新知识，从而提升企业创新能力和创新绩效。沈灏和李垣（2010）发现，联盟成员间的依赖关系对企业创新绩效有倒"U"形影响，冲突关系负向影响企业创新绩效，环境动态性负向影响联盟依赖、联盟冲突与依赖方企业创新绩效。李晨蕾等（2017）研究发现，联盟中结构洞和网络紧密程度对创新绩效分别有负向影响和正向影响，而共同认知则分别削弱了负向影响和增强了正向影响。张红娟和谭劲松（2014）发现，联盟网络中企业、联盟关系和联盟网络整体三个层次要素及交互作用对企业创新绩效有直接影响。

5. 以研究联合体为代表的研究热点

主要围绕研究联合体的运行机制、演化博弈、能力提升等展开研究。马宗国（2013）构建了开放式创新下研究联合体的运行机制框架，并对运行机制包含的八个子机制进行分析，提出各机制相互协同发力才能促进研究联合体发挥竞争优势。吴庆平等（2014）从利益驱动的视角对研究联合体形成机制中的博弈进行了探析，发现在合作博弈中企业进行合作获得利益变大，在谈判博弈中，企业花费时间越少，越能减少利益损耗。张辉和马宗国（2020）从研究联合体视角提出了国家自主创新示范区创新生态系统的升级过程，并从企业升级、产业发展、平台构建、人才支持、金融支持、政策支持六方面提出了升级路径。

6. 以创新联合体组建路径为代表的研究热点

曹纯斌和赵琦（2022）分析了我国创新联合体建设情况，认为各地虽积极探索，但尚无成熟经验，现有部分省（区、市）已发布创新联合体政策，不过目前并无固定模式，实施路径与组织形式尚待探索，建议构建"核心层＋紧密合作层＋一般协作层"相互协作形式。肖自强和王愿华（2021）对南京支持企业组建创新联合体的路径进行了研究。张仁开（2022）对上海市支持企业牵头组建创新联合体的思路进行了研究。陈晶（2022）对苏州市引导企业牵头组建创新联合体的路径进行了研究。马宗国和蒋依晓（2023）基于研究联合体的产业根植性特征，探讨了研究联合体视角下国家自主创新示范区创新生态系统升级的路径。

1.2.3 国内外研究现状评述

本书对文献研究成果进行挖掘、整理和知识图谱分析，发现其中还存在一些不足，主要表现在以下几个方面。

1. 创新联合体组建路径研究缺乏深度

从时代背景上看，创新联合体的产生是我国从后发制人的情境出发以实现超越创新。因此，创新联合体对我国而言是一种全新的模式。目前大部分文献论述了创新联合体的重要性、内涵特点、功能定位、发展现状等，但是鲜有提出具体的建设思路或建设模式。

2. 对于创新联合体组建的研究缺少相关理论支持

创新联合体作为更深层次、更有针对性、更高效率的产学研深度融合组织，是对产学研融合形态的进一步延伸，其更聚焦于以领军企业牵头整合资源，从而加快突破产业关键核心技术。在运行机制、动力机制上与以往联盟有不同之处，现有的创新联合体研究大多缺乏理论基础，如何运用新的理论方法加快创新联合体组建和发展从而实现突破性创新，有待深入研究。

3. 对于创新联合体组建研究缺乏深入的实证研究

针对创新联合体的学术研究，需要通过国际既有经验分析、国内历史经验和案例研究，以及多案例比较研究，才能进一步明晰创新联合体组建差异化路径和发展机制。而目前仅有少数学者通过案例分析的方式对创新联合体组建和现状进行了介绍，其中大多数仍为描述性案例研究，没有从中提炼出有价值的理论，对创新联合体组建和发展缺乏深入的实证研究。

总体上，已有的研究对象主要为技术创新联盟、战略联盟、产学研联盟、研究联合体，针对创新联合体组建和发展的研究比较缺乏，研究方法单一，定性研究较多，定量研究偏少，缺乏深入的实证研究，研究的深度和广度也不足。广西创新联合体建设相对滞后，在创新联合体方面的研究十分缺乏。

1.3 研究思路与方法

1.3.1 研究思路

本书按照"理论研究—现状剖析—体系构建—问题锁定—经验分析—路径设计"的研究思路，运用专业化信息搜集工具，收集、整理相关研究材料，进一步明确研究对象范围；运用实地调研等方法研究分析国内外创新联合体组建的经验做法；结合典型案例，运用定量与定性分析法研究分析广西创新联合体组建现状、问题、原因；运用对比分析、综合分析等研究方法提出未来广西创新联合体组建的主要领域、发展方向，为政府加快组建创新联合体、拓展产学研用融合通道提供决策参考。本书技术路线如

图 1-4 所示。

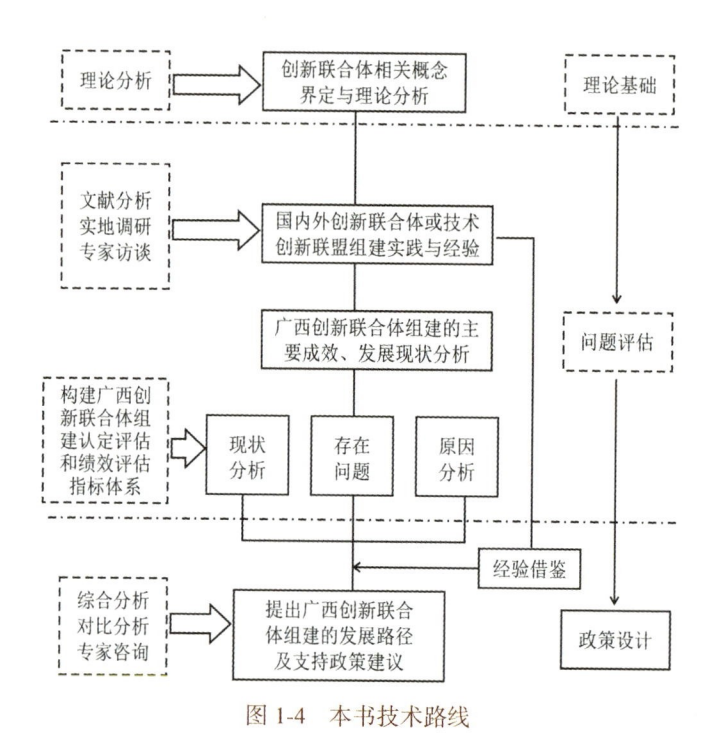

图 1-4　本书技术路线

1.3.2　研究方法

（1）文献分析法。搜集、鉴别、整理、研究有关创新联合体组建的文献，以及国内外推动创新联合体组建的相关政策措施。

（2）案例研究法。本书通过新一代交通基础设施绿色智慧建管养技术及产业化创新联合体、青蒿素及小分子化药创新联合体、西部陆海新通道（平陆运河）智慧绿色港航建设创新联合体等开展案例分析，总结广西创新联合体组建存在的短板。

（3）定量与定性分析方法。运用定量与定性分析方法对广西创新联合体组建的现状与问题进行全面分析，可确保在总结成效、分析问题、剖析原因、提出对策时做到更精准、更科学、更符合实际。

（4）对比分析法。对国内外创新联合体组建采取的相关政策措施和经验做法进行整理和对比，同时将广西目前创新联合体组建所处阶段与区外先进地区进行比较，得出相关结论和存在的问题。

（5）综合分析法。在了解广西创新联合体组建现状与问题、国内外创新联合体组建的经验做法基础上，运用综合分析法，研究提出系统性、指导性、可操作性强的意见建议。

1.4 研究内容与创新

1.4.1 研究内容

1. 开展创新联合体基本理论研究

梳理创新联合体、产业技术创新联盟、战略联盟、产学研联盟、研究联合体等相关概念，以及科技创新理论、融通创新理论、协同创新理论等研究理论。结合实际提出广西创新联合体的基本概念、功能定位、组建原则等，为社会各界开展创新联合体组建提供理论指导。

2. 分析广西创新联合体组建的主要成效、发展现状

本书采取实地调研、访谈交流、书面调研、资料收集等多种方式，重点对新一代交通基础设施绿色智慧建管养技术及产业化创新联合体、青蒿素及小分子化药创新联合体、西部陆海新通道（平陆运河）智慧绿色港航建设创新联合体等广西科学技术厅已认定的创新联合体的组建现状开展调研，全面了解创新活动、创新绩效、服务产业、运行管理成果产出等基本情况，深入剖析广西创新联合体组建的主要成效、发展现状。

3. 开展广西创新联合体绩效评估指标体系研究

创新联合体组建认定评估和绩效评估指标体系是加强创新联合体绩效评估管理、提升认定环节工作质量、规范引导创新联合体发展的重要技术支撑。本书在总结分析国内外创新联合体评估方法、评估体系的基础上，结合广西创新联合体组建运行阶段的特点，提出突出广西特色的科学合理、

易操作、可量化的广西创新联合体组建认定评估指标体系和广西创新联合体绩效评估指标体系，为政府开展创新联合体组建认定评估和绩效评估提供决策参考。

4. 分析广西创新联合体组建存在的问题与短板

通过对广西已认定的创新联合体进行深入分析，并基于构建的广西创新联合体绩效评估指标体系分别进行评估，从领军企业、产学研协同机制、合作深度、人才结构、政策扶持等方面，找出广西创新联合体组建存在的问题和短板。

5. 调研了解国内外创新联合体组建的发展态势及经验做法

研究国内外创新联合体的产业布局、目标要求、主要任务、组建条件、组建程序、支持措施等情况，总结分析浙江、北京、上海、江苏等先进地区创新联合体组建的实践经验，对各地创新联合体组建的亮点措施和主要做法进行梳理分析，找出可供广西借鉴的经验启示。

6. 研究提出广西创新联合体组建及发展路径与对策

针对广西创新联合体组建存在的问题和短板，结合广西创新发展水平和发展阶段的特点，围绕广西产业结构和关键共性需求，提出未来广西创新联合体组建的主要领域、方向与发展规划建议，为政府加快组建创新联合体、拓展产学研用融合通道提供决策参考。

1.4.2　研究创新

1. 视角创新

国内对创新联合体概念及定位的认识存在较大差异，产业技术创新联盟、战略联盟、产学研联盟、研究联合体的概念与我国新提出的"创新联合体"概念之间既密切相关又存在明显差异，因此本书将对创新联合体的概念加以辨析，并结合实际提出广西创新联合体的基本概念、功能定位、组建原则等，具有一定的理论和实践意义。

2. 方法创新

针对广西创新联合体缺乏绩效评估规范和评估办法的问题，本书注重应用性、实效性，基于科技管理需求和创新联合体功能定位，创新构建广西创新联合体组建认定评估指标体系和广西创新联合体绩效评估指标体系，确保评估准则的信度和效度，为国家相关部门、其他省（区、市）及行业开展创新联合体组建认定和绩效评估提供了思路和借鉴。

3. 发展路径创新

经过查阅大量文献发现，领军企业牵头组建创新联合体在全国范围内属于新命题，国内目前没有已成熟可供借鉴的经验。本书通过深入研究广西创新发展水平和发展阶段的特点，重点围绕广西产业结构和关键共性需求，提出未来广西创新联合体组建的主要领域、方向与发展规划建议，弥补现有文献实证研究和理论研究的不足，具有较强的创新性。

第 2 章

创新联合体理论基础与分析框架

2.1 创新联合体相关概念界定

创新联合体概念自提出以来,就受到学界的广泛关注,已经形成了一些先进理论成果和制度经验,部分省(区、市)基于对《建议》等国家文件的理解进行了先行先试。但是关于创新联合体的内涵,至今尚无清晰和权威的界定,创新联合体如何组建和运行也仍存诸多争论。

2.1.1 创新联合体的政策内涵

本书通过与既存产学研合作形态的对比辨析,归纳总结创新联合体的概念与定义。创新联合体是充分发挥政府作为创新组织者的引导推动作用和企业作为技术创新的主体地位和主导作用,以关键核心技术攻关重大任务为牵引,由创新能力突出的优势企业牵头,政府部门紧密参与,将产业链上下游优势企业、科研机构和高等院校有效组织起来协同攻关的任务型、体系化的创新组织。创新联合体的政策内涵包括以下四个方面(图2-1)。

1. 领军企业牵头

对于具体的产业技术领域而言,领域内创新主体的资源和能力分布是不均衡的,行业领军企业往往拥有较为丰富的创新软硬件资源。伴随关键核心技术愈发复杂化,领军企业具备的资源优势将进一步转化为技术优势。从市场的角度看,领军企业能够拥有更大的市场份额,与供应商和客户的

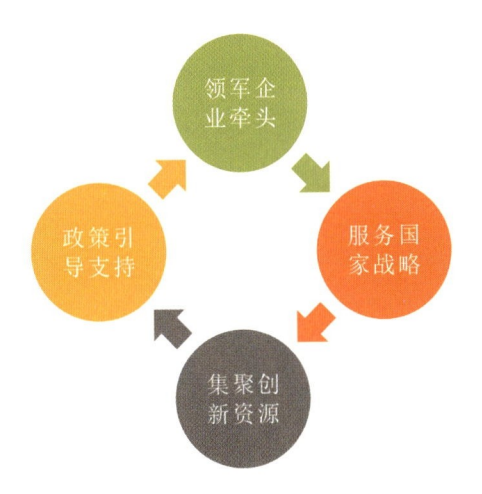

图 2-1 创新联合体的政策内涵

关系更加密切，在产业链上下游号召力更强。以上两种优势共同决定了由领军企业牵头组建的创新联合体可以更好地发挥产业链的带动作用，整合协同各创新主体，共同攻关重大科技项目。

2. 服务国家战略

该国家战略需求可以是国家指定的创新目标，也可以是企业发挥"出题者"作用，自发的产业升级导向下的技术攻关。在整个国家创新体系中，创新联合体属于任务驱动型的高级产学研创新组织，要在国家目标导向下进行技术研发和攻关。

3. 集聚创新资源

创新资源包括高校、科研院所、产业链企业、产业园区等创新软硬件设施，这些创新资源可以为创新联合体提供丰富的智力支持、科研设施和实践经验。高校拥有学科专长和人才优势，科研院所研究层次更加深厚，产业链企业是科技成果转化为产品的支撑者，产业园区能够在物理层面聚集创新主体。只有充分聚集、高效协同，才能为创新联合体提供全方位的支持和资源，助力其更好地开展科技创新和实践应用，推动产业升级和经济发展。

4. 政策引导支持

纵观国外的协同创新实践，政府始终扮演着至关重要的角色，政府能够运用行政强制力消除协作过程中的不稳定因素，促进相关方统筹协作，同时运用政策引导支持，鼓励创新主体积极参与。目前我国各地发布的创新联合体相关政策，都对创新联合体作出了框架规定，明确创新联合体建设与运行的基本方式。同时也建立起协同支持的工作机制，强化对创新联合体的政策支持。在我国的协同创新之路上，从产学研协同逐渐向创新联合体的模式转变，标志着我国在科技创新和产业升级方面进入了新的阶段。创新联合体的出现和发展，为科技创新搭建了一个更加紧密、高效的合作平台，将成为促进科技创新、推进产业升级、解决发展挑战的关键载体。

2.1.2　产业技术创新战略联盟与创新联合体的区别

现存的科技政策中，关于产学研合作形态的典型独立政策为"产业技术创新战略联盟"（以下简称联盟）。《关于推动产业技术创新战略联盟构建的指导意见》（国科发政〔2008〕770号）中规定，产业技术创新战略联盟是指由企业、大学、科研机构或其他组织机构，以企业的发展需求和各方的共同利益为基础，以提升产业技术创新能力为目标，以具有法律约束力的契约为保障，形成的联合开发、优势互补、利益共享、风险共担的技术创新合作组织。本书依据联盟构建、发展及评估的政策文件与《建议》中关于组建创新联合体的表述，构建了5个比较基准对二者加以比较（表2-1）。

表2-1　产业技术创新战略联盟与创新联合体对比表

比较基准	相同点	差异点	
		产业技术创新战略联盟	创新联合体
成立宗旨	推进产学研协同创新	建立以企业为主体、市场为导向、产学研相结合的技术创新体系	推进产学研深度融合
核心目标	提升技术创新能力	提升产业技术创新能力	提升企业技术创新能力

续表

比较基准	相同点	差异点	
		产业技术创新战略联盟	创新联合体
组建动机	面向单个契约无力承担的研发任务	遵循市场经济规则下自由组建	市场失灵下,以国家重大科技项目为核心导向联合组建
成员结构	均由企业、大学、科研机构或其他组织机构组成	企业处于行业骨干地位;大学或科研机构在合作的技术领域具有前沿水平;其他组织机构也可成为联盟成员	由创新型领军企业牵头组建,按需求联合优势大学、科研院所及其他企业
科技计划承接资质	均可承接国家科技计划项目	经科技部审核并开展试点的联盟,可作为项目组织单位参与国家科技计划项目的组织实施	经科技部审核组建的联合体,成立时即可承担国家重大科技项目

2.1.3 欧美研究联合体与我国创新联合体的区别

20世纪80年代,研究联合体开始出现于欧洲和美国。出于共享资源、共同研究、整合提高创新效率、弱化外溢保障垄断利润、塑造核心竞争力等多方面原因,研究联合体被越来越多的企业所熟悉和践行。

研究联合体就是在市场技术需求的传导机制下,企业间为破解共性技术需求,吸取多方研发力量,按一定投入比例共同组建而成的、股东必须支付许可费后才可使用其研发成果的研究型经济实体。研究联合体在技术选择、组织形式、成果分配方式等方面,与合作研究和交叉许可协议等合作创新模式相比具有明显优势,使其在现有的合作创新模式中具有更高的研发效率。

研究联合体的概念包括:①研究联合体只在研发阶段进行合作,不同于传统意义上的"产学研联盟"或"官产学联盟";②研究联合体的成员至少有两个,且具有独立的法人地位;③研究联合体的合作内容包括技术、人员、资金、仪器设备等;④研究联合体成员企业之间的研发合作,可以是长期的,也可以是随机的;⑤政府是企业研发联盟的保障主体,研究联合体尽管是以企业为主"唱戏",但政府同时也负有"搭台"的责任。现存欧美研发合作与竞争的政策文献中,与我国创新联合体最为类似的当属研究联合体,两者异同见表2-2。

表 2-2　欧美研究联合体与我国创新联合体的对比表

比较基准	欧美研究联合体	我国创新联合体
成立宗旨	提升本国/地区相关产业的国际竞争力	推进产学研深度融合
核心目标	提升高技术产业竞争力	提升企业技术创新能力
组建动机	加大与后发国家之间在先进技术领域技术水平上的差距；保障健康的国内产业体系，以应对供给中断等风险	以国家战略科技任务为核心导向，围绕任务组建
成员结构	主要由少数企业牵头，其他企业、大学、科研机构或政府机构等可依据需要作为成员单位或外包商参与	由创新型领军企业牵头组建，其他企业、大学、科研机构或其他组织机构可作为成员参与
科技计划承接资质	成立的直接目标即为申请科技计划/项目	经科技部审核组建的联合体，成立时即可承担国家重大科技项目
保障机制	契约形式	契约形式
政策所属	非独立政策，仅属于项目申报资格项中的规定与说明	独立政策

按照不同的标准，可以将研究联合体划分为不同的类型（图 2-2）。按照合作期限，可以将研究联合体划分为单次合作后即解体的一次性研究联合体和多次合作的持续性研究联合体（或称为短期研究联合体和长期研究联合体）。按照合作紧密程度，可以将研究联合体划分为探索性合作的松散型的契约式研究联合体和稳定合作的组织结构化的股权式研究联合体

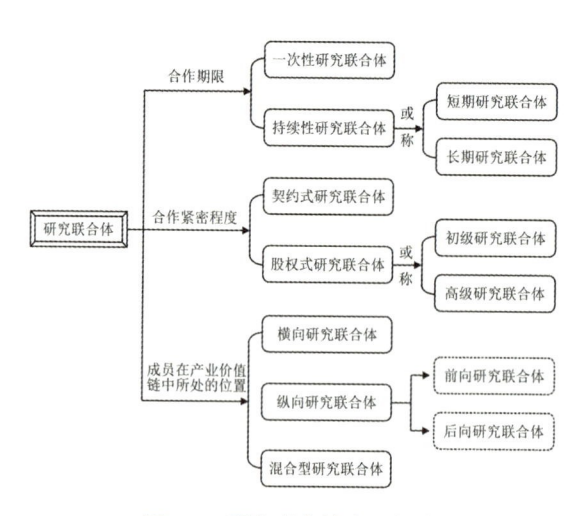

图 2-2　研究联合体类型划分

（或称为初级研究联合体和高级研究联合体）。按照成员在产业价值链中所处的位置，可以将研究联合体划分为产业价值链中某一节点上的竞争性企业所形成的横向研究联合体，分布在同一产业价值链上的上下游企业所形成的纵向研究联合体，以及交叉形成的混合型研究联合体。其中，纵向研究联合体又可分为前向研究联合体和后向研究联合体。

2.2 创新联合体的核心要素和主要特征

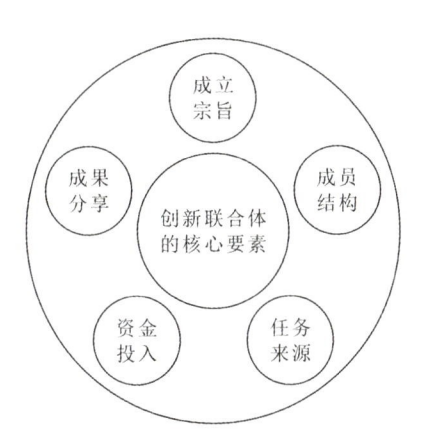

2.2.1 创新联合体的核心要素

创新联合体的核心要素包括以下 5 个方面（图 2-3）。

图 2-3 创新联合体的核心要素

1. 成立宗旨

创新联合体的成立宗旨可总结为两个"分不开"：①创新联合体的功能定位与国家的重要发展战略分不开。各省（区、市）建立的创新联合体都在集中攻关一个方向，即攻克制约产业发展的关键共性、基础底层等"卡脖子"技术难题；②创新联合体的功能定位与各省（区、市）的发展战略分不开。因各省（区、市）的实际状况不同，技术攻关领域不同，所以创新联合体的主攻方向也是不同的。因此，应结合不同产业发展特点和规律，优先支持对构建产业生态需求迫切的领域开展创新联合体组建工作。

2. 成员结构

创新联合体是产学研合作的组织形态，由行业龙头企业牵头，集聚全国创新产业链上下游重点企业、研发机构和典型用户单位，整合国内优势资源。创新联合体成员单位分为核心成员单位和一般成员单位，核心成员单位不超过15家，能够对产业生态构建起到关键作用且相对稳定，一般成员单位单位数量不限。除牵头单位外，其他单位可同时参与多个创新联合体。

3. 任务来源

创新联合体的成立与承担国家重大科技项目紧密关联，创新联合体在批准成立之时即具备承担国家重大科技项目的资质，其任务来源一是国家和省级的重大科技项目；二是企业根据自身和产业发展需要制定的科研攻关项目。

4. 资金投入

创新联合体的资金投入主要有三个方面：①政府资金，政府资金重点支持基础性、关键性研发；②社会资金，政府利用市场手段获取社会投入，参与科研创新项目；③成员单位的研发投入。

5. 成果分享

在义务方面，创新联合体形成的技术、方法、专利、论文、装备等根据技术创新的参与度确定知识产权归属，因此创新联合体成员需履行保护知识产权及技术秘密的义务，须在创新联合体的统筹协调下签订具体协议。在权利方面，创新联合体成员拥有技术成果的优先使用权。合理的成果分享保证了创新联合体成员的利益，可以降低运营过程中的风险，形成更有凝聚力的创新氛围，提升攻关效率。

2.2.2 创新联合体的主要特征

1. 企业主导性

在创新联合体中，企业是科技创新的主角。在增量经济向存量经济转变的当下，巩固技术优势已是保持产业竞争力的最优解，而从以个体为主的"点"创新向以集成、联合为主的"链"创新转变，正是应对产业科技发展趋势的必然途径。

创新联合体中龙头企业处于主导性地位，其他主体是参与和补充的力量，龙头企业在参与主体的选择及组织架构上具有主导性，这和产业技术联盟及研究联合体都具有很大不同。创新联合体具有更加明确的目标导向，各主体进行创新活动的目标是提高企业技术创新能力，因此创新效率与成果转化率都比一般的产学研合作更高。

2. 自组织性

创新联合体是一个开放式的创新系统，参与创新的主体并不是静态不变的，而是随着企业创新阶段不同而不断变化，这有助于创新联合体更好地应对环境因素的干扰，能够随着环境的变化不断分解重构，从而快速形成一种新的合作。创新联合体的技术路径具有创新性、可持续性及一定的兼容性，具备发展构建产业生态的潜力和条件。通过各种长期契约安排、股权安排和彼此间的默契，结成利益共享、风险共担、要素双向或多向流动的创新攻关团队，能够大大缩短市场需求和基础研究之间的链条，提升商业化运用重大研究成果和创新技术的效率。

3. 开放性

创新联合体是产学研深度融合的结果，知识的共享、共性技术的开放、主体的自由准入是其最基本的要求。创新联合体成员有各自的技术和资源优势，成员间可以共享这些资源。这能够充分发挥市场在资源配置中的作用，让各个参与主体充分投入创新资源，共享基础技术，短时间内加强各方信息沟通，减少交易成本，形成互利共赢的合作机制。

4. 共享性

创新联合体的组建就是为了集中优势力量攻克国家重大科研项目,其在"基因"里就携带了明显的共有属性。并且创新联合体在重点科研项目中需要冲破国外的技术封锁,这些基础技术的研究如果仅由市场调节,是完不成的,这就需要创新联合体兼顾政府调控与市场激励,两者缺一不可。政府有效监管可以使创新合作不流于形式,有更大的动力和紧迫感去攻克技术难关,这也将是后发区域的赶超策略。

2.3 创新联合体发展的相关理论

截至目前,主要有六个视角的理论研究对创新联合体发展具有较大影响。

2.3.1 知识生产模式转型理论

知识的价值边界在知识经济时代被极大拓展,其生产、传递、交换及消费日益成为社会发展的关键动力。20世纪90年代,在《知识生产的新模式:当代社会科学与研究的动力学》(The New Production of Knowledge: The Dynamics of Science and Research in Contemporary Societies)一书中,迈克尔·吉本斯(Michael Gibbons)等提出,知识生产模式正在由传统的、以单学科研究为主、以大学和学院为中心的"知识生产模式1"向跨学科性的、聚焦应用情景的"知识生产模式2"转型(表2-3)。

表2-3 知识生产模式1与模式2的比较

比较基准	知识生产模式1	知识生产模式2
知识生产的源头	纯粹学术研究的兴趣	应用语境
知识生产的学科框架	单一学科中心	跨学科、超学科

续表

	模式1	模式2
知识生产的场所和从业者	同质性	异质性、社会弥散性
知识生产的社会责任	自治，较少考虑响应社会需求	社会问责，自反性
知识的质量评价	同行评议	多元化、全过程的质量评价

知识生产模式1更多的是在大学内部进行传统学术性知识生产，主要表现为同质性；相比之下，知识生产模式2则是异质性的。在知识生产模式2中，知识创造的场所不仅包括大学和学院，还包括"象牙塔"之外的研究机构、政府部门、企业实验室、咨询机构等，这使得知识创造的场所在性质上变得丰富多样，在数量上也大大增加。在组织形式上，知识生产模式1的组织形式以制度化的形式呈现，体现为某一学科共同体内明显的等级结构：或以学术声望高低为标准，或以学术职务大小为标准。这个学科共同体以学术事业为目标，恪守共同的学术规范，以一定质量指标评判内部成员的知识生产能力和水平。在知识生产模式2中，组织形式则更为灵活，研究团队会根据不同地点、不同语境组合到不同的团队中。因此，知识生产模式2的知识是由不同组织和机构生产出来的，包括跨国公司、网络公司、政府组织、研究院、研究型大学等，研究资助模式也呈现出多样化的特征。

知识生产模式转型理论推动了发达国家科技创新机制的深刻变革。在近20年中，随着信息技术、网络技术、数字化技术的飞速发展，知识生产模式2的特征更加鲜明、更加凸显，在互联网条件下这种知识生产模式的社会弥散性特征更加强化。在E-science、数字化科研、开放科学（open science）、开放数据（open data）、开放创新（open innovation）、科研第四范式（fourth paradigm of science）等观点中明确地体现了从知识生产模式1向现代知识生产模式2的转型，社会弥散性的知识生产特点鲜明。

当前，我国科技创新力量比较分散，科技体制机制还存在障碍。因此需要充分发挥新型举国体制优势，采取开放创新、开放管理的理念和行动，制定新型政策体系与机制，为突破关键领域核心技术创造良好制度环境。创新联合体作为多个主体联合攻关的一种组织模式，能将各创新主体有机连接在一起，将分散的创新资源和创新要素组织起来，推动"知识生产"创新链更加贴近应用情景和产业链。

2.3.2 发明与发现循环理论

哈佛大学工程和应用科学学院首任院长文卡特希·那拉亚那穆提，于 2018 年出版了一部极具影响力的著作《发明与发现：反思无止境的前沿》，其中提出了与传统科技创新不同的全新理论模型——发明与发现循环模型（图 2-4），这一模型诠释了以下三个方面的创新逻辑。

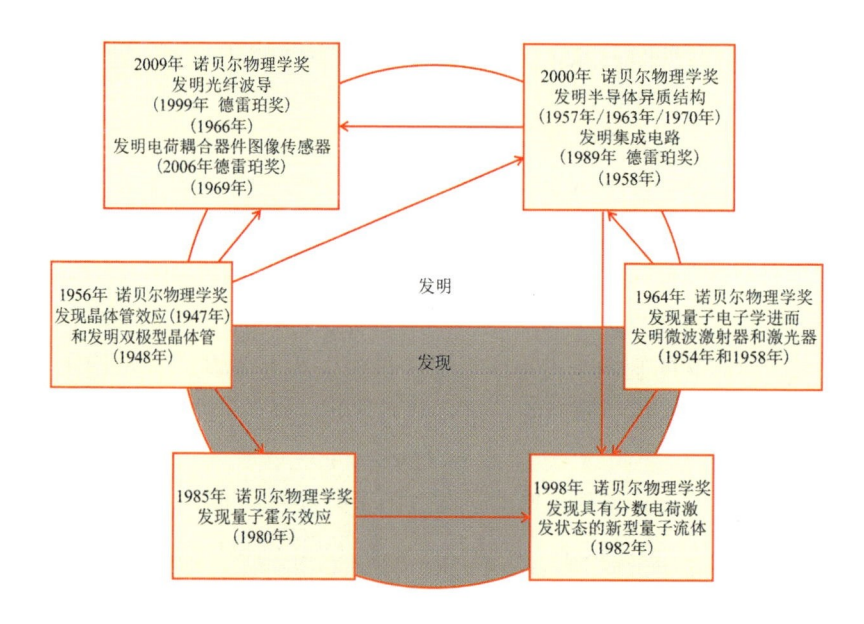

图 2-4　贝尔实验室发明与发现循环模型

（1）人类创新越来越依赖于组织化。天才固然关键，但一个能力强的组织有助于天才的发明和发现。晶体管的诞生是关于发明与发现循环模型的典型案例。第二次世界大战结束后，贝尔实验室以威廉·肖克利为主管的跨学科团队受命成立，团队成员有理论物理学家（肖克利本人）、实验物理学家（沃尔特·布拉顿）、数学物理学家和电子工程师（约翰·巴丁）。其中，布拉顿擅长对各种材料进行实验；巴丁是理论奇才，擅长收集各种数据，用于解释实验中观测到的种种现象；肖克利此前在固体放大器领域已有一定研究，可为团队提供研究重点、经验和动力。此外，该团队还有优秀的化学家、冶金专家、工程师及技术员，他们发挥各自所长又通力合作，协同促进研究深化。1947年12月，巴丁和布拉顿发明了点接触式晶体管，以此发现了晶体管效应的存在；1个月后，肖克利发明了双极型晶体管，三人因此获得了1956年的诺贝尔物理学奖。该团队通过发明双极型晶体管验证了晶体管效应，说明他们的工作具有发现和发明的双重特征。

（2）<u>发明与发现循环依赖于跨学科跨行业的组织</u>。贝尔实验室是在技术和产品开发部门的基础上组建的，成立之初，就有一部分技术专家专注于技术和产品开发，另有一部分科学家专注于基础理论和应用研究。这些专家涉及的领域很多，包括物理化学和有机化学、冶金学、磁学、电导体、辐射学、电子学、声学、语音学、光学、数学、机械学等领域，甚至包括生理学、心理学和天文学领域。这是因为现代技术具有综合性，单一学科很难理解和掌握，而发现与发明的相互性，很难由一类人才去实现。正如贝尔实验室的创始人之一华特·基佛德（Walter Gifford）所言："工业实验室只不过是一个由聪明人组成的组织，那些人想必都有一些创新能力，接受过知识和科学方法方面的特殊训练，实验室提供设施和资金，让他们来研究发展与自己相关联的产业。"现代工业研究的目的，就是把科学应用到日常生活中，通过这种手段可以避免盲目的试验造成的许多错误，同样针对某个具体问题，这种手段可以发挥众人的智慧，它自然远远超过任何个人可能具备的能力。工业实验室证明，团队，尤其是跨学科的团队，要胜过单打独斗的科学家和小团体。工业实验室的经验是值得我们组建研究机构时借鉴的。

（3）<u>要从更深层次反思科学和技术政策</u>。从工业实验室的发现与发明中不难看出创新范式的深刻变化，即一个基础研究、应用开发、产业进步相互依存的生态系统越来越显示出其先进性。其中，相互依存和生态系统是关键词。所谓相互依存，不仅反映出基础研究、应用开发、产业进步互为条件，更重要的是发明与发现的循环有助于找到和突破研究中的瓶颈，促进共同成长。贝尔实验室漫长研究取得的成果，其问题的解决和瓶颈的突破，就是在发明与发现的不断试错中完成的。所谓生态系统，是指不同主体形成的有机联系，各种元素是独立的、个体的，也是共同的、整体的，并不是线性的、垂直的关联。具体到一个地区来说，不能止于办几所大学，建几个研发机构，尽管这样安排十分必要且有意义。更需要努力的是，在一些组织内部，如大科学装置机构内部，或者大型研究机构内部，形成发明与发现所需要的资源配置机制和研究环境，而不只是从外部嫁接资源，更不能将所谓基础理论研究纯粹化，将其局限在象牙塔内。从更大的层面看，学术领域、政府部门和私营部门应构建一个包容性、适应性的环境，有效整合各种资源和力量，从而达到最优化的运用。

发明与发现循环模型要求打通基础与应用的通道，消除分隔，推动科技创新从"论文—论文"循环转变为"市场—论文—市场"循环。组建领军企业牵头的创新联合体可以充分利用市场优势，推动科技创新实现"市场—论文—市场"的良性循环。

2.3.3 知识三角理论

知识三角由欧盟在2000年的《里斯本战略》报告中正式提出。"里斯本战略"的关键词可以归纳为"研究与创新"，即在知识经济的新背景下，以研究与创新为手段，提高就业率、促进经济增长、提升国际竞争力。在这一目标制定中，欧盟特别强调了知识三角在知识经济发展中的引擎作用，并在"里斯本战略"中试图进一步加深教育、研究和创新三者之间的联系，认为教育、研究和创新三大知识领域构成了知识三角生态系统（图2-5），三者之间相互依赖、相互促进，具有互动性、再生力和协同增值性。

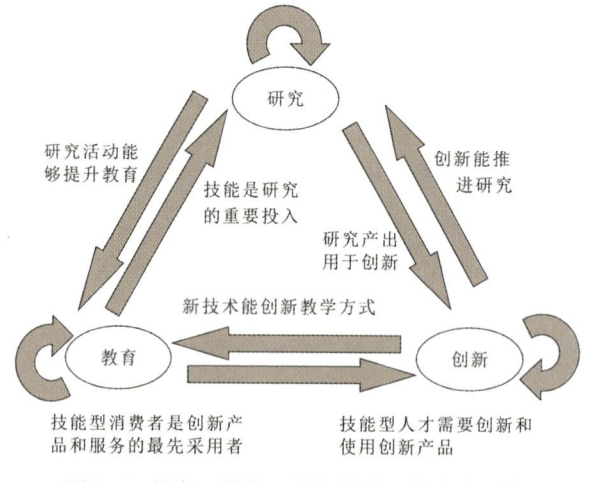

图 2-5 教育、研究、创新知识三角生态系统

知识三角概念的新颖性在于从"体系性"视角关注教育、研究与创新三者之间的高效协同，强调在高校分类管理的基础上实现教育、研究、创新三大使命功能的平衡。长期以来，国内研究型大学偏重学科建设，在科技成果转化、大学科技园建设、创新创业教育等创新端投入不足。其主要原因之一是"指挥棒"存在问题。近年来，国家和地方通过修订法律、出台政策，显著补强了高校"创新角"，但"指挥棒"问题仍未完全解决。因此，要充分发挥知识三角作用，加强教育、研究和创新间的联系，就必须在国家政策协同、机构治理模式与体制改革、财政投入与资助模式、多维度系统评估等多方面予以改革推进。

2.3.4 协同创新理论

"协同"一词起源于古希腊语，是指协调两个或两个以上的不同资源或个体，协同一致地完成某一目标的过程。20 世纪 70 年代，德国著名物理学家赫尔曼·哈肯（Hermann Haken）提出协同理论，他认为整个环境中子系统间存在相互影响而又相互合作的关系，不同子系统为了同一个目标进行资源的相互转化，从而实现整体效应大于各系统单独发挥的效应之和的效果。随着协同思想的不断发展壮大，创新管理领域引入协同思想。协同创新概念最早由美国学者彼得·葛洛（Peter Gloor）提出，即由自我激励的人员所组成的网络小组形成集体愿景，借助网络交流思路、信息及工作状况，合作实现共同的目标。

随着科技创新的发展，协同创新成为企业、高校、科研机构和中介机构等不同创新主体，通过组成联合开发、优势互补、利益共享、风险共担的技术创新合作组织，汇聚、整合和共享创新资源，充分释放创新要素活力以实现科技创新的突破，加快推进技术应用和产业化融合发展的一种创新模式。

协同创新的特征主要包括创新资源的整体性、创新环境的生态性、创新成果的共享性和创新发展的持续性四方面。创新资源主要包括技术、人才、资金和信息等要素，通过协同创新可以汇聚并高效利用外部资源，能有效解决因外部环境的不确定性、资源稀缺性和企业技术创新能力有限性产生的突出矛盾，提高创新主体的竞争力。协同创新系统不是固定不变的系统，而是一个与外界环境密切交融互动的生态系统，各子系统相互交流、交换资源、融合发展，从而保障整个系统的高效运行。在这个过程中，各创新主体共同参与知识创新和技术研发，攻克关键核心技术；同时，也能促进创新主体间相互学习、协同发展。受规划发展、目标协同、利益共享和风险共担等因素的影响，协同创新主体会形成长期、稳定、互惠、共生的合作关系，协同创新的组织结构灵活、多元化，从而提升创新发展的活力和可持续性。

2.3.5 合作创新理论

20世纪70年代中后期，合作创新作为一种新型技术创新组织形式在发达国家迅速崛起。合作创新的本质是企业与其他企业、高校、科研院所等机构建立合作关系，实现联合创新，并且在合作期间风险共担、成果共享。合作创新的一般表现形式是以共同利益为前提，各创新主体在保持独立的同时进行合作，确立合作目标、方式及规则，实现资源共享、优势互补。

目前合作创新理论主要有两种研究视角，分别是产业组织理论视角和管理学视角。

（1）**产业组织理论视角**。重点关注相互竞争的企业为什么开展合作研发与合作创新，即研究诱使其合作创新的因素，以及开展合作创新后会产生哪些福利效应，并且研究福利效应，例如溢出效应与合作创新的关系。产业组织理论认为企业参与合作研发或者合作创新的主要动力是合作过程中的向内溢出效应。通过大量实证发现向内溢出水平高于某一临界水平时，合作创新的利润会增加。

（2）**管理学视角**。大多是从资源和交易成本分析合作创新，认为企业进行研发合作及合作创新最主要的目的是降低成本和获取合作伙伴的资源。交易成本理论认为相较于市场交易，具备互补资源的企业开展合作创新活动能够使交易转为内部，通过互惠关系降低交易成本。而资源观认为企业进行合作创新是为了利用合作伙伴的资源，与自身现有资源进行互补，完成依靠自身无法实现的技术创新与突破，最大化企业价值。

2.3.6 主体融通创新博弈模型

创新联合体主体在融通创新过程中，由于各方在经费、人力与物力的有效投入中存在难以测度的隐性投入，融通创新过程中存在道德风险，极易发生"搭便车"行为，从而不利于关键核心技术的攻关。因此，创新联合体主体融通创新过程中需要探究、设计有效的激励机制来减小"搭便车"行为发生的概率，更好地激励创新联合体主体以实现关键核心技术的突破。支含年等（2024）用各方努力情况来表征各方的有效投入，现实中创新联合体主体融通创新的过程并非"完全努力"与"完全不努力"的二元策略集博弈，努力情况中还存在"完全努力"和"完全不努力"的中间态，应视为关于努力程度的二元连续策略集博弈。该连续状态类似于量子博弈中的叠加态。量子博弈是经典博弈与量子信息论结合的产物，已经广泛应用于计算机科学、经济学等众多领域。量子博弈之所以能够兴起且得到广泛应用，是因为量子博弈中量子纠缠这一信息处理机制使得参与者之间具有非定域的、非线性的强关联，甚至能够改变博弈规则，这为解决经典博弈中如"搭便车"、策略冲突等问题提供了一种新思路。其中，量子博弈中的量子纠缠态常用来表征博弈主体之间的某种状态，如理性状态、利益相关关系状态等。而创新联合体主体在融通创新过程中的融通状态表征了创新主体间的利益相关关系，这类似于量子博弈中的量子纠缠态。

支含年等（2024）借鉴量子博弈思想，从知识流动的畅通度和创新链与产业链的融合度两个角度研究创新联合体主体融通创新的激励机制，构建了创新联合体主体融通创新的二元连续策略集博弈模型，对比研究了在不同情形下畅通度和融合度对创新联合体主体融通创新的影响，得到利于创新联合体主体融通创新的最佳融通情形，并提出"融通合同"在一定程度上抑制了"搭便车"行为的发生，降低了融通创新的风险，有利于激励创新联合体主体融通创新实现产业核心技术的突破。

结论：在创新联合体主体之间融通的情形下，当创新主体之间融合度不变时，随着创新主体之间畅通度的不断提高，创新主体被对方所预期的努力程度阈值先增大后减小，融通创新的风险也随之先变大后变小。在创新联合体主体之间融通的情形下，当创新主体之间畅通度不变时，随着创新主体之间融合度的不断提高，创新主体被对方所预期的努力程度阈值不断减小，融通创新的风险也随之变小。在创新联合体主体融通创新时，创新联合体主体之间完全融通的情形为融通创新的最优情形，最利于创新联合体实现关键核心技术的突破。

2.4 组建创新联合体的重要意义

2.4.1 应对国际竞争形势，促进科技自立自强

近现代五次世界科学中心迁移和三次科技革命的发展历程表明，大国博弈从来不是单一维度的竞争，而是以战略重点产业发展为主线、围绕支撑性与基础性领域的体系化竞争。近些年，部分发达国家采取了一系列的非公平竞争性措施遏制我国在科学技术及创新上的追平和反超，表现为经常对我国一些科技企业进行各种恶意打压，如开列黑名单及关键核心技术"卡脖子"等。关键核心技术往往是复杂的综合性高端技术，一些新兴和基础技术领域发展难有前路可循且技术迭代迅速，单一创新主体无法满足高投入与独立创新的技术发展基础条件。以领军企业为主体的创新联合体，通过深度融合的组织模式与现阶段供应链与技术创新链的跨产业、多领域交叉特点更契合，利于开展复杂的"卡脖子"技术研发攻关任务。因此，通过加快建设创新联合体，对于提升我国战略性关键技术、基础技术自主可控水平具有重要意义。

2.4.2 破解科技和经济"两张皮"的困局，推动科技创新和产业创新深度融合

一方面各学校、科研机构产出大量科研论文和专利，但难以转化利用；另一方面企业迫切需要科技创新突破技术瓶颈，但许多企业自身技术研发能力不足。龙头企业在整合科研机构的科研力量、建立创新联合体的过程中，通过各种长期契约安排、股权安排和彼此间的默契，结成利益共享、

风险共担、要素双向或多向流动的创新攻关团队，能够大大缩短市场需求和基础研究之间的链条，提升重大研究成果和创新技术进行商业化运用的效率。创新联合体是以关键核心技术攻关为牵引，在政府引导推动下，由企业和科研单位组成的联合攻关组织。这种合作模式有助于突破传统的科研与产业界限，实现资源共享和优势互补。科研单位具有前沿的技术研发能力和专业人才，而企业则具有敏锐的市场洞察力和丰富的产业化经验。通过共同研发、成果转化和产业化合作，创新联合体能够推动科技与产业的紧密结合，加速创新成果的落地和推广。因此，由企业牵头组建创新联合体是解决科技和经济"两张皮"问题的重要举措，也是推动科技创新和产业创新深度融合的重要主体。

2.4.3 彰显"有为政府"的力量，提高创新体系的整体效能

当前，创新越来越多地发生在跨学科、跨产业、跨领域的交叉地带，呈现复杂、开放式、多维的特征。过去一些产业共性技术领域普遍存在研发力量分散、创新能力偏弱等问题，是我国关键核心技术被"卡脖子"的主要症结。创新联合体的协作创新是一种开放创造和共享，因此，基于创新联合体开展更具战略导向、跨产业、跨组织的合作，有利于通过协同创新提升创新绩效；同时，创新联合体成员单位可充分发挥资源协同作用，优势互补，协同攻坚，成果共享，参与国家重大科技项目，加快新技术在市场端的孵化与应用，在提高技术成果转化效率的同时带动联合体内企业创新能力的提升。例如，20世纪70年代日本通过开展超大规模集成电路研究计划取得了随机存取存储器行业全球领军地位；2002年我国启动的"盾构机关键技术"研究项目使得我国企业在2021年占有全球70%左右的市场。因此，创新联合体是新型举国体制的一种重要探索，能更好彰显"有为政府"的力量。

2.4.4 推动创新链与人才链融合，共建人才"蓄水池"

创新联合体通过"联合招收、联合培育、联合考核、联合使用"的方式，构建"知识传授+联合攻关+创新实践+素质提升"的人才培养模式，

形成产学研用一体推进的创新人才培养体系，成为高层次科研人才的重要集聚地和"蓄水池"。通过共建实验室、合作开展项目等方式加强企业主导的产学研深度融合，有利于激发创新者的创新潜能，有利于吸引和培养科技领军人才和创新团队，促进人才的合理布局和协调发展。

2.5 国家层面关于创新联合体的政策演进

近年来，党中央和国务院在多个文件中均提出，支持企业特别是龙头企业牵头组建创新联合体。创新联合体是我国技术创新体系朝产学研深度融合方向发展的必然产物，也是中国式创新在产学研实践方面的深刻表达。

（1）2018年7月，中央财经委员会第二次会议提出，要推进产学研用一体化，支持龙头企业整合科研院所、高等院校力量，建立创新联合体。

（2）2019年8月，科技部印发的《关于新时期支持科技型中小企业加快创新发展的若干政策措施》中指出，在国家重点研发计划、科技创新2030重大项目等国家科技计划组织实施中，支持科技型中小企业广泛参与龙头骨干企业、高校、科研院所等牵头的项目，组建创新联合体"揭榜攻关"。这是国家科技政策中首次出现创新联合体的概念。

（3）2020年11月，党的十九届五中全会审议通过的《中共中央关于制定国民经济和社会发展第十四个五年规划和二〇三五年远景目标的建议》提出，推进产学研深度融合，支持企业牵头组建创新联合体，承担国家重大科技项目。这是我国首次明确支持企业牵头组建创新联合体，也是对创新联合体这一政策举措最新、最为明确的表述，并提出其重要使命是承担国家重大科技项目，因此将其正式定格为"十四五"时期及面向2035年远景目标的重大创新举措。

（4）2020年12月，中央经济工作会议提出，要发挥企业在科技创新中的主体作用，支持领军企业组建创新联合体，带动中小企业创新活动。这是我国首次明确支持创新联合体由领军企业牵头组建，并要带动中小企业创新活动。

（5）2021年3月，李克强总理代表国务院在十三届全国人大四次会议上所作的《政府工作报告》中强调，鼓励领军企业组建创新联合体，拓展产学研用融合通道，健全科技成果产权激励机制，完善创业投资监管体制和发展政策，纵深推进大众创业万众创新。对领军企业如何组建创新联合体作出了更加具体的指导。

（6）2021年3月，《中华人民共和国国民经济和社会发展第十四个五年规划和2035年远景目标纲要》提出，集中力量整合提升一批关键共性技术平台，支持行业龙头企业联合高等院校、科研院所和行业上下游企业共建国家产业创新中心，承担国家重大科技项目。这一提法显示企业牵头组建的创新联合体可进一步升级为国家产业创新中心，有望成为国家战略科技力量的重要组成部分。

（7）2021年5月，在中国科学院第二十次院士大会、中国工程院第十五次院士大会、中国科协第十次全国代表大会上，习近平总书记强调"要发挥企业出题者作用，推进重点项目协同和研发活动一体化，加快构建龙头企业牵头、高校院所支撑、各创新主体相互协同的创新联合体，发展高效强大的共性技术供给体系，提高科技成果转移转化成效。"

（8）《中华人民共和国科学技术进步法》（2021年修订）中提到国家鼓励企业、科学技术研究开发机构、高等学校和其他组织建立优势互补、分工明确、成果共享、风险共担的合作机制，按照市场机制联合组建研究开发平台、技术创新联盟、创新联合体等，协同推进研究开发与科技成果转化，提高科技成果转移转化成效。

（9）2022年4月，国务院国有资产监督管理委员会召开中央企业创新联合体工作会议。会议强调，进一步强化国家战略科技力量、强化企业创新主体地位，加快关键核心技术攻关和原创技术策源地建设，打造创新联合体升级版，为高水平科技自立自强提供坚实有力支撑。

（10）2024年3月，习近平总书记在主持召开新时代推动中部地区崛起座谈会时强调"强化企业创新主体地位，构建上下游紧密合作的创新联合体"。

第 3 章

广西创新联合体组建发展现状分析

3.1 广西创新联合体组建发展基本情况

由于关键核心技术属于复杂综合性技术，难以通过单一创新主体实现研发突破，亟需通过组建创新联合体的方式开展技术攻关。为引导广西各创新主体在技术攻关路上由"单兵作战"到"抱团突围"，2024 年 11 月 12 日广西科技厅出台《广西壮族自治区创新联合体管理办法》（桂科规字〔2024〕9 号），2021 年印发的《广西壮族自治区创新联合体建设管理工作方案（试行）》同时废止。截至 2023 年 12 月，广西以市场机制为纽带，以自愿为原则，采取自发组织的方式，支持企业联合高校、科研院所，共组建 15 家创新联合体（表 3-1），涉及生物医药、高端装备制造、汽车产业、新一代信息技术等多领域，探索出一套政府引导、企业出题、多方出资、科企共研、成果共享的新型协同创新机制，为广西深入实施科技"尖锋"行动，打好关键核心技术攻坚战打下了坚实基础。

表 3-1　广西已组建的创新联合体（截至 2023 年 12 月）

组建年份	研究领域	项目名称	第一申报单位	所在市区	成员单位数/家
2021	绿色环保	生态环境治理创新联合体	广西博世科环保科技股份有限公司	南宁市	21
2021	高端装备制造	新一代交通基础设施绿色智慧建管养技术及产业化创新联合体	广西交科集团有限公司	南宁市	18

续表

组建年份	研究领域	项目名称	第一申报单位	所在市区	成员单位数/家
2021	生物医药	青蒿素及小分子化药创新联合体	桂林南药股份有限公司	桂林市	11
2021	新一代信息技术	数智转型与产业化应用创新联合体	润建股份有限公司	南宁市	14
2022	汽车产业	智能网联商用汽车产业创新联合体	东风柳州汽车有限公司	柳州市	12
2022	新材料	基于双碳战略的低碳胶凝材料关键技术及产业化创新联合体	广西鱼峰水泥股份有限公司	柳州市	10
2022	生物医药	中药民族药研究开发及智能制造产业化创新联合体	桂林三金药业股份有限公司	桂林市	9
2022	高端装备制造	西部陆海新通道(平陆运河)智慧绿色港航建设创新联合体	广西交通设计集团有限公司	南宁市	13
2022	新一代信息技术	光电芯片及微系统创新联合体	中国电子科技集团公司第三十四研究所	桂林市	14
2023	新材料	绿色化工新材料创新联合体	广西华谊能源化工有限公司	钦州市	8
2023	有色金属	锰产业创新联合体	南方锰业集团有限责任公司	崇左市	9
2023	高端装备制造	高效节能环保动力装备创新联合体	广西玉柴机器股份有限公司	玉林市	12
2023	农业	生猪育种和智能养殖创新联合体	广西扬翔股份有限公司	贵港市	9
2023	农业	优质鸡现代种业创新联合体	广西参皇养殖集团有限公司	玉林市	13
2023	高端装备制造	绿色智慧高效型挖掘机产业创新联合体	柳州柳工挖掘机有限公司	柳州市	7

3.1.1 牵头单位地域分布情况

广西已认定的15家创新联合体的牵头单位分布于南宁市(4家)、柳州市(3家)、桂林市(3家)、玉林市(2家)、钦州市(1家)、贵港市(1家)、崇左市(1家)7个地市(图3-1)。

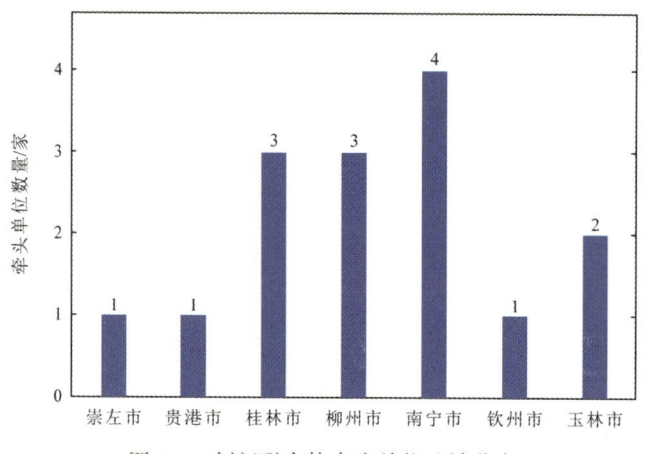

图 3-1 创新联合体牵头单位地域分布

3.1.2 成员单位数量分布情况

在15家已认定的广西创新联合体中,支撑各市科技创新的成员单位数量分布情况如下:南宁市(66家)、桂林市(34家)、柳州市(29家)、玉林市(25家)、贵港市(9家)、崇左市(9家)、钦州市(8家)7个地市(图3-2)。

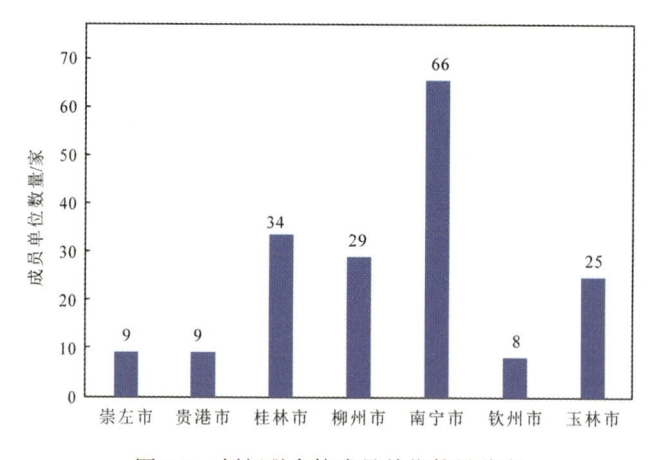

图 3-2 创新联合体成员单位数量分布

3.1.3 服务产业领域分布情况

按主要服务产业领域分布，广西创新联合体180家成员单位中，有色金属产业9家、新一代信息技术产业28家、新材料产业18家、生物医药产业20家、汽车产业12家、农业22家、绿色环保产业21家、高端装备制造产业50家。可见，高端制造产业成员单位最多，其次为新一代信息技术产业（图3-3）。

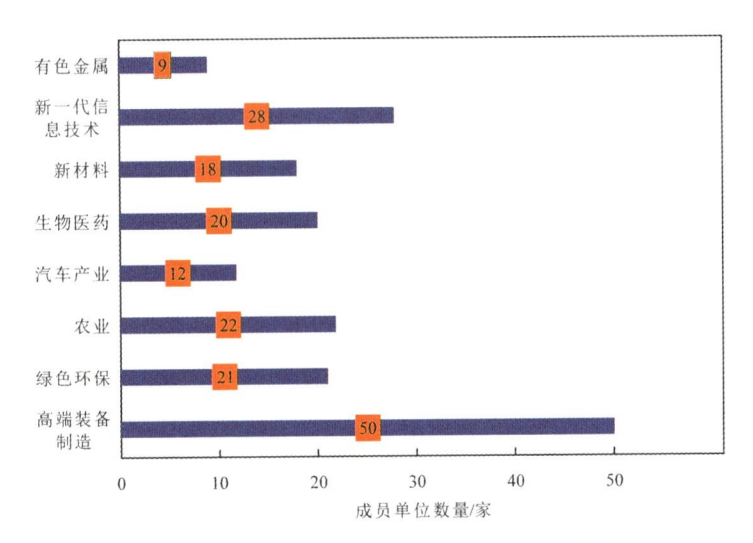

图3-3 创新联合体成员单位主要服务产业领域分布

3.1.4 组建主体情况

广西创新联合体由企业、高等学校、科研院所或其他组织机构等多个独立法人单位组成。据统计，在已认定的15家创新联合体中，成员单位共180家，其中企业有87家，占比达48.3%，属于产业链内行业上下游企业，凸显了企业科技创新的主体地位；高校有49家，占比达27.2%；科研院所有45家，占比达25%。高校和科研院所均拥有专业性强、创新能力强的研究团队和良好的科研实验条件，可提供强有力的技术支撑。

3.1.5　人才培养情况

创新联合体以产业需求为导向，龙头骨干企业主动出题，并积极与具有相关专业人才的高校、科研院所对接，邀请入盟，形成多方联合培养人才的新模式，打破科研人才"孤立培育"的限制，实现高校、科研院所、企业协同创新格局。例如，润建股份有限公司结合自身生产经营条件及行业优势，以项目合作、创新平台共建、人才培养、关键技术联合攻关、知识产权联合转化等方式与广西大学、广西民族大学、桂林电子科技大学等多所高等院校进行深度合作，以"行业＋新技术"的创新开发模式，建立以项目为基础的"行业＋"行动计划。

3.2　广西创新联合体组建发展主要成效

截至 2023 年 12 月，广西以市场机制为纽带，以自愿为原则，采取自发组织的方式，支持企业联合高校、科研院所，共组建 15 家创新联合体，对产学研用全链条布局，着力解决制约产业发展的关键核心技术问题，15 家创新联合体呈现研发人员领域广、研发投入占比高、项目承担能力强、成果转化途径多等特点。其中，2021 年组建的 4 家创新联合体中的研发人员占比超 25%、研发投入占总收入近 6%、项目经费超 3 亿元、实现成果转化收入达 48 亿元以上，以新模式催生产业创新发展。

3.2.1　破除技术攻关"孤军奋战"，打造联合攻关新模式

广西创新联合体积极搭建企业与高校、科研院所的合作桥梁，充分发挥科研院所、高校、企业在关键核心技术攻坚中不同的主体作用，鼓励创新开展联合攻关。2021 年以来，牵头单位承担项目 100 余项，项目总金额超过 3 亿元，打破了企业、高校或科研院所在前沿技术领域"孤军奋战"的桎梏，集中优势资源开展攻关，形成了一批原创性、引领性关键技术。

例如，广西博世科环保科技股份有限公司针对广西铝电解大修渣存在高盐、毒性大、污染形态复杂、历史存量大、年新增量高等问题，联合高校院所，投入大量研发力量开展电解铝大修渣处理处置关键技术研发，突破关键核心技术1项，建成中试设备1套，新增申请专利7项，申请广西地方标准立项1项。自2021年10月投运至今，该项目已成功在广西北海建成2.5吨/天铝电解大修渣综合处理利用生产试验线，实现了废渣的高水平资源化。

3.2.2 破除科研人才"孤立培育"，打造联合引育新模式

广西创新联合体以研究生联合培养为纽带结成人才培养联合体，通过采用"联合招收、联合培育、联合考核、联合使用"的方式，构建"知识传授+联合攻关+创新实践+素质提升"的人才培养模式，形成了产学研用一体推进的创新人才培养体系，打破了科研人才"孤立培育"的限制，实现了高校、科研院所、企业协同创新格局。2021～2023年，广西的创新联合体共同培养了60名硕士、博士、博士后、科研助理，高层次创新人才连续三年获得何梁何利基金区域创新奖。

3.2.3 破除成果转化"孤芳自赏"，打造产学研用一体化发展新模式

高校、科研院所的科技成果多为实验室阶段成果，大多数成果都是"孤芳自赏"的状态，很难实现即时转化。如何让研究成果从"束之高阁"到"物尽其用"？广西创新联合体构建以市场需求为导向的成果转化机制，将市场思维贯穿于项目研发全过程，实现产品从研发到生产的一体化发展。据不完全统计，2021年4家创新联合体牵头单位成果转化109项，转化金额达48亿元。广西交科集团有限公司以"产学研用"一体化发展不断增强企业科技成果转化能力，努力实现创新成果从研发到工程应用的成果转化，2021～2023年获得广西壮族自治区B类成果转化核定15项，认定经济效益总额高达5亿元。桂林南药股份有限公司研发生产的抗疟药物青蒿琥酯获得中华人民共和国第1号一类新药证书，被称为"疟疾克星"；

2021年,该公司在原料药研发、仿制药一致性评价研究等多个领域开展在研项目40个,其中两个原料药获准上市销售,成功实现从研发到商业化生产的科技成果转化。

3.2.4 破除产业转型"瓶颈制约",打造经济高质量发展的重要增长极

2021年以来,广西以传统产业转型升级和新兴产业发展等重大需求为牵引,以重大技术突破为主攻方向,由行业龙头企业牵头、高校院所支撑、产业链上下游企业相互协同组建创新联合体,为科技创新引领产业转型升级提供了核心要素支撑。2023年,广西规上工业企业中有研发活动的企业占比达到20.5%,比2020年提升10.5%;2021～2023年工业企业累计新增技术专利2.26万项、发明专利8409项。2023年高新技术企业保有量突破4000家,比2020年增加超1200家。2023年工业企业新产品销售收入占营业收入的40%以上,比2020年提高12%。

3.3 广西创新联合体组建发展存在的主要问题

尽管广西创新联合体建设取得积极进展,但仍处于初期运行阶段,面临"联而不合"的问题,主要体现在六个方面:①创新主体目标诉求不一致;②领军企业引领带动作用不显著;③组织机制和治理模式不清晰;④项目支持和经费保障不到位;⑤绩效评价考核机制未建立;⑥高端人才生态圈未形成。

3.3.1 创新主体目标诉求不一致

2021年,广西科技厅印发《广西壮族自治区创新联合体建设管理工作方案(试行)》,明确创新联合体应以解决制约产业发展的关键核心技术问题为目标。调研发现,创新联合体的组建及顺利运行涉及的主体及环节

颇多，企业、科研院所、高校和政府行政部门承担的任务不一，有着不同的利益诉求。不同创新主体追求不同的利益目标，在实现总体研发目标的过程中出现"共同发明"问题，也就是相关利益者分配问题。大多数高校、科研院所的研究目标仍然以发表论文、形成专利为主；而大部分企业则以逐利为目标，期望在成本可控情况下，尽早形成市场化产品，着重考虑科技成果转化和市场应用前景。例如，数智转型与产业化应用创新联合体由润建股份有限公司总体统筹，联合了4所高校、2家科研院所和8家科技创新企业，开展5G、光伏、北斗、互联网、物联网、无人机等技术攻关，但牵头企业反映：主体目标和利益诉求的差异导致创新协同性较差，联合研究项目进展缓慢，尤其是在共建联合科研平台、产教融合基地、共同引进和培育产业人才等方面的合作层层受阻。青蒿素及小分子化药创新联合体也面临类似的情况和困难。

3.3.2 领军企业引领带动作用不显著

组建创新联合体关键在"龙头"。虽然领军企业在研发创新、资源整合、行业引领等多个方面具备较强的综合能力，但调研发现，部分领军企业牵头组建创新联合体的意愿不强，对如何牵头、牵头前景、知识分享存在诸多顾虑。①领军企业对主动暴露短板和"卡脖子"技术存在忌讳，担心商业秘密、核心技术和战略方向被泄露，大部分领军企业与相关高校的合作还是局限于传统的产学研对接和技术咨询合作，对上下游和中小微企业的带动作用偏弱，龙头效应不显著。相比传统产学研合作模式，企业主导的创新联合体规模偏小，科技骨干型企业的创新引领作用有待进一步增强，专精特新冠军企业，特别是一些民营中小微企业的创新活力未得到充分释放。②关键核心技术与一般的技术创新相比，其攻坚难度更大、前期投入更大、开发周期更长、对基础研究依赖性更强，在专利技术保护与成果转化、分成等机制不完善的情况下，创新联合体的牵头单位要承担较高的创新风险，导致其组建创新联合体的积极性不高，难以充分发挥出题者和掌舵人的职能作用。例如，广西商用汽车产业领军企业——东风柳州汽车有限公司反映，目前企业生存压力大，仅依靠智能网联商用汽车产业创新联合体成员单位的力量和创新投入远远不够，亟须政府在政策、资金方面给予有力的支持，将资金更多地投入基础研究或中长期科研项目中。新一代交通基础设施绿色智慧建管养技术及产业化创新联合体也反映，目前交通行业处于大建设向大养护转型的时期，总投入将逐步下降，短期研发投入下降和成果转化依托项目减少的风险较大。

3.3.3 组织机制和治理模式不清晰

产业链上下游企业、高校、科研院所等多元创新主体向主导企业集聚不足，创新主体之间科技创新资源开放共享度低，以及关键技术研发周期长、风险大、难度高等特点导致创新主体积极性不高现象仍然在一定范围内存在。"政、产、学、研、用"联动的科研攻关组织机制尚待完善；政企协同、研产融合、开放合作的技术创新闭环尚未形成；协同一致的创新机制和利益共同体连接机制尚需完善；资金投入和分担流动，研发过程中条块壁垒、信息沟通与知识分享、知识产权保护、科技成果转化、成果收益分配等方面的机制欠缺；创新主体之间的有效沟通问题，创新要素在创新链上跨部门、跨领域流动的体制障碍等没有清晰的治理模式。例如，智能网联商用汽车产业创新联合体在开展中重型商用车域控制器研发关键技术研究中遭遇了关键信息互通、数据开放共享、创新成果合理分享等方面的一系列壁垒，导致部分成员单位合作停滞。中药民族药研究开发及智能制造产业化创新联合体也面临联合开发成果的知识产权归属界定等问题的困扰，亟须在今后合作建设中不断探讨解决。

3.3.4 项目支持和经费保障不到位

创新联合体的研究项目研发投入大，收益周期长。目前，广西创新联合体的研发投入以企业自筹为主，获得的财政资助较少，导致后续研发投入难以为继。广西创新联合体关键技术研发及应用仅列为"十四五"广西科技计划项目科技基地和人才专项中技术攻关类平台研究方向，相比北京、江西、辽宁等省（区、市）设立"联合体专项"等重大攻关任务，广西创新联合体项目支持数量少、获立项资助比例低，造成部分成员单位申报和承担科技项目的积极性不高。鉴于当前缺乏重大项目作为纽带促使联合体成员单位进行深度融合，西部陆海新通道（平陆运河）智慧绿色港航建设创新联合体、基于双碳战略的低碳胶凝材料关键技术及产业化创新联合体、青蒿素及小分子化药创新联合体、新一代交通基础设施绿色智慧建管养技术及产业化创新联合体 4 家创新联合体一致提出，建议广西科技厅尽快出台常态化支持创新联合体专项项目的相关措施，依托纵向项目来引导和监督创新联合体发展，调动创新联合体各成员单位的积极性，撬动其在研发方面的投入。

3.3.5　绩效评价考核机制未建立

截至 2023 年，广西已分三批组建 15 家创新联合体。目前，广西尚未建立创新联合体绩效评价考核机制，没有对创新联合体的组织运行、资金投入、人才培养、关键技术研发、成果产出等情况做出定量评价和定性评价，存在激励导向不明晰的问题，不利于科技管理部门全面了解和检查创新联合体的构建和运行状况，难以总结经验和成效。因此，建立以结果为导向的创新联合体绩效评价考核机制迫在眉睫。

3.3.6　高端人才生态圈未形成

人才作为关键的战略资源，是创新联合体组建及发展最具活力、最具决定性意义的能动主体。广西相比国内其他地区，高层次人才非常匮乏，行业战略科学家、一流科技领军人才等重点人才仍然紧缺，在两院院士、"百千万人才工程"等国家级人才评选中竞争力不强，用人主体引进海外高层次人才的配套支持也稍显不足。截至 2023 年 12 月，广西国家级创新人才保有量为 124 人，甚至和国内部分高校一个学院汇聚的人才数量差不多，这严重制约了创新联合体的科技创新、成果转化、人才团队发展。

第 4 章

广西创新联合体绩效评价研究与案例分析

创新联合体绩效是由创新能力突出的优势企业协同产业链上下游企业、高校、科研院所,通过合理分工与合作协同开展有组织的科研创新的全过程绩效。创新联合体的最终目的是解决产业发展关键核心技术,研发引领未来发展的基础前沿技术。因此,创新联合体绩效评价指标体系要注重产出和服务,从创新活动、创新绩效、服务产业、运行管理、利益保障视角构建。

4.1 绩效评价体系的构建原则和流程

创新联合体绩效评价体系是由具有一定递进关系及内在支配关系的指标形成的体系,需要在对创新联合体协同创新绩效进行文献研究的基础上,基于管理需求和创新联合体的功能定位,合理选择具体评价指标。绩效评价体系的构建需要经历一个由具体到抽象,再由抽象到具体的逻辑思维过程,在评价对象和评价目的相同的情况下,不同评价者构建的绩效评价指标体系可能会有所不同。因此,构建的绩效评价体系具有一定的主观性。为了确保创新联合体绩效评价指标体系的客观性、合理性,在构建过程中应遵循以下五条原则。

4.1.1 目的性原则

目的性原则是指绩效评价体系的构建是为衡量创新联合体各成员单位的协同创新绩效，找出影响创新联合体组建发展的关键因素，提出加快广西创新联合体发展的具体举措，最终提升广西产业技术创新能力，加快高校、科研机构科技成果转化，促进创新链产业链融合发展。因此，绩效评价体系的构建要围绕这个目的开展。

4.1.2 系统性原则

系统性原则是指构建的绩效评价体系能够全面、系统地反映创新联合体的绩效状况。创新联合体涉及企业、高校、科研院所及行业协会，不应从单方面衡量创新成果，要尽量涵盖协同创新成果各个方面的特征。所以其绩效评价体系应包含多个维度，每个维度再按照研究内容的层次性展开，形成一个分层递阶的体系。通过设计指标体系，厘清评价体系内部各要素之间的逻辑关系，同时，在分析评价过程中要考虑整体性要求，遵循系统性的原则。

4.1.3 全面性原则

全面性原则是指绩效评价指标的设计应该从创新联合体绩效的概念特征出发，充分反映协同创新各个方面的绩效，不存在遗漏或者缺陷。虽然指标体系包含的指标越多，反映的信息量就越大，但是如果指标冗余，相关信息可能会出现重叠，造成不必要的重复工作。因此，指标体系的设计既要遵循全面性原则，又要考虑指标的代表性，需要研究者根据创新联合体的管理需求和建设运行阶段特点进行权衡。

4.1.4 可比性原则

可比性原则是指绩效评价体系的构建既要考虑创新联合体绩效与其他

系统绩效的横向可比性，也要考虑创新联合体自身绩效在不同时期的纵向比较。要能够通过绩效的纵向或横向比较，发现创新联合体组建及发展中存在的问题和不足，建立健全创新联合体协同创新机制。

4.1.5　定量与定性相结合原则

创新联合体绩效是一个比较抽象、不可直接观察的潜在变量。创新联合体绩效评价涉及创新活动、创新绩效、服务产业、运行管理、利益保障等方面，许多统计数据无法从公开渠道获取，从而不能全部采用量化指标衡量。因此，在构建创新联合体绩效评价体系时应坚持定量与定性相结合，挖掘硬性指标之外的"软指标"，准确界定定性指标的含义，并按照某种标准赋值，使其能够恰当地反映各主体协同创新的实际状况。

4.2　绩效评价体系内容的设计

绩效评价体系的构建是创新联合体绩效评价的前提和基础，评价体系作为评价目标和内容的载体，为评价工作的开展指明了方向。绩效评价体系的构建除了要遵循上述原则外，还要遵循一定的步骤和方法，使评价体系更为科学与客观。

4.2.1　评价体系的设计方法

在深入研究创新联合体绩效评价内涵的基础上，采用文献研究法与德尔菲法相结合的手段，设计和选择用于创新联合体绩效评价的具体指标，并对评价指标体系结构进行优化，最终形成创新联合体绩效评价指标体系。

（1）运用计算机文献检索、人工文献检索等方法，搜集和分析国内外有关创新联合体绩效评价的资料，整理出符合本书研究需要的、有价值的资料，为创新联合体绩效评价指标的构建提供借鉴。

（2）采用德尔菲法进行指标筛选与设计，借鉴文献研究中关于协同创新绩效评价体系设计的内容，结合创新联合体的功能定位和特点，初步设计创新联合体绩效评价指标体系。邀请 10 位关注和研究创新联合体的专家，对初步设计的指标体系进行优化。

4.2.2 评价体系的主要内容

基于层次递进的分析方法，将创新联合体绩效评价指标体系分为一级指标和二级指标两个层次，主要从创新活动、创新绩效、服务产业、运行管理、利益保障 5 个维度，设置 19 个二级指标，每个指标设置 2～5 个评价等级，以综合反映创新联合体的绩效状况。

（1）创新活动。联合体按照协议约定实施"卡脖子"技术和关键核心技术定期梳理和精心凝练情况，形成产业技术创新链报告（定期）情况；技术创新项目及经费到位情况，不少于两家联合体成员单位共同承担国家和地方科技计划项目情况；促进联合体成员单位围绕产业技术创新链实现产学研紧密结合情况；联合体成员单位科研仪器、设备等科技资源共享情况。权重占 25%。

（2）创新绩效。组织合作创新项目取得核心技术成果情况；申请获得与联合体目标任务密切相关的发明专利及其他知识产权情况、国内外核心期刊发表论文情况；联合体成员单位参与制定国家标准、地方标准、行业标准，共建研发机构等情况。权重占 20%。

（3）服务产业。联合体成员单位参与制定产业技术规划或产业技术路线图情况；提供行业服务（如提供展览、学术会议等专业化服务）情况；联合体成员单位间交流培养人才情况；组织对外技术转移、标准推广及新产品示范应用情况；联合体创新能力和引领服务产业作用达到行业公认程度等情况。权重占 20%。

（4）运行管理。联合体理事会、专家委员会、秘书处设立情况；秘书处运行情况（如人员专职化、办公场所和经费保障、有效开展活动等情况）；联合体成员保持稳定及发展新成员情况（不少于 6 家以上产学研单位），参加相关国家级联合体建设情况；联合体设立运行管理制度、建设网站等情况；联合体是否召开年会或日常工作会议、是否有活动简报信息等情况。权重占 20%。

（5）利益保障。联合体理事会、秘书处充分听取成员单位表达意见、反映和解决成员单位诉求等情况；联合体实现共同利益，如共享知识产权、联合体促进成员单位发展、成员单位参与联合体活动获得实际利益等情况。权重占15%。

4.3 评价模型的构建及评价方法

4.3.1 综合评价方法的选择

综合评价就是根据构建的特定评价体系，选择合适的方法或模型，对搜集的资料进行分析，对被评价对象做出定量化的总体判断的过程。具体评价方法的选择是评价过程中的关键环节，是确保综合评价客观深入，得出准确评价结论的重要途径。目前常用的综合评价方法主要有聚类分析法、因子分析法、神经网络评价法、数据包络分析（data envelopment analysis，DEA）法、逼近理想排序（technique for order preference by similarity to an ideal solution，TOPSIS）法、层次分析法、模糊综合评价法。各种评价方法具有不同的优缺点，分别适用于不同的评价领域和评价对象。

创新联合体绩效评价是一个复杂的决策过程。一方面，由于人们对某些评价指标的理解程度不够深或受到其他信息因素的干扰，在评价指标的获取中存在很多不完全的信息，因此在评价过程中会存在模糊信息。另一方面，由于创新联合体绩效评价属于多维度、多层次评价，而且每个层次的指标权重往往是主观给定的，很难准确地反映各因素对创新联合体绩效的影响程度，因而容易使评价结果受到主观因素的影响。结合以上特点和实际情况，本书采用模糊综合评价法对创新联合体绩效进行综合评价。

4.3.2 构建评价模型的理论基础

模糊综合评价法是在模糊环境下，考虑多种因素的影响，基于一定的目标或标准对评价对象做出综合评价的方法。其基本步骤为：建立评价对象的因素集；建立评判结果的评语集；确定各指标的权重集；确定隶属函数关系，建立评价矩阵；采用适合的合成算法对其进行合成，并对结果向量进行解释。

具体模型评价步骤包括：①指标数据的收集及处理。对于定性数据的收集，问卷调查法是比较常用的方法，为了避免主观判断导致的错误，对定性指标可采用隶属度赋值方法，将其分成几个等级，并对不同等级的赋值给出相应的标准，以实现定性指标的定量化。②用熵权法确定各指标权重。一般来说，某个指标的信息熵越小，表明其变异程度越大，提供的信息量越多，在综合评价中的作用越大，其权重也就越大。相反，某个指标的信息熵越大，表明其变异程度越小，提供的信息量也越少，在综合评价中的作用越小，其权重也就越小。③计算综合绩效评价结果。用加权平均法进行评价结果汇总，最终得出综合评价得分。

4.3.3 关键运算步骤

1. 权重确定方法

确定评价指标权重的方法较多，本书采用熵权系数法。在调查问卷中，我们对 n 个指标的评价按照其重要性分为 5 个等级，即很重要、比较重要、一般重要、不太重要、很不重要。通过随机抽样的方法发放问卷，采用 5 分制打分法对上述 n 个指标进行量化。由被调查者根据自身情况选择，各指标度量标准一致，不需要进行标准化处理。数据处理步骤如下。

第一步，对数据进行分类，并汇总每个指标选项的频数 x_{ij}，得到一个的 $n×5$ 的矩阵。

第二步，根据矩阵计算出第 j 个指标下第 i 个打分占该指标比重 p_{ij} 为

$$p_{ij} = \frac{x_{ij}}{\sum_{i}^{5} x_{ij}} \tag{4-1}$$

第三步，计算出每个矩阵中第 j 个指标的熵值为

$$E_j = -\sum_{i=1}^{5} p_{ij} \ln p_{ij} \tag{4-2}$$

记

$$e_j = \frac{1}{\ln 5} E_j \qquad (4\text{-}3)$$

第四步,根据熵值得到矩阵中第 j 个指标的权重为

$$\omega_j = \frac{(1-e_j)}{\sum_{j=1}^{n}(1-e_j)} \qquad (4\text{-}4)$$

在绩效综合评价中,第 j 个指标差异越大,e_j 越小,那么第 j 个指标的权重就会越大,该指标对协同创新绩效的影响作用也就越大。

在上述数据处理过程中,如果某个指标选项的频数为 0,在计算熵值时会对 p_{ij} 取对数造成影响。根据熵的性质,说明在该指标中,被调查者更多地选择了其他选择项,该指标变异度很大,则其熵值很小。具体的技术处理方法是直接令出现这种情况的 $p_{ij}\ln p_{ij}$ 为 0,从而使该指标的熵值计算能够适度减小。

2. 数据合成方法

数据合成选用模糊综合分析法,首先根据研究对象的特点,将协同创新绩效评价的总目标分解成不同的准则,并按照因素间的相互联系及隶属关系,形成一个多层次的分析结构模型。其次,以模糊数学理论为基础,应用模糊关系合成的原理,将一些边界不清、不易定量的因素定量化,完成对研究对象的综合评价。具体步骤如下。

第一步,根据指标体系确立因素集。

依据前述分析,将创新联合体绩效评价指标体系分为三个层次。

(1)目标层:用 A 表示,以体现创新联合体绩效的综合评价状态。

(2)一级指标层:用 $A1$、$A2$、$A3$、$A4$、$A5$ 表示,即通过创新活动、创新绩效、服务产业、运行管理、利益保障 5 个维度来反映创新联合体绩效状况。

(3)二级指标层:设置 19 个二级指标,围绕 5 个一级指标的不同方面反映创新联合体绩效在某个时刻所处的状态,用 A_{ij} 表示,即第 i 个二级指标第 j 个状态指标,其中 $i=1,2,3,4,5$;$j=1,2,3,4,5$。

$A = \{A_1, A_2, A_3, A_4, A_5\}$

$A_1 = \{A_{11}, A_{12}, A_{13}, A_{14}\}$

$A_2=\{A_{21}, A_{22}, A_{23}\}$
$A_3=\{A_{31}, A_{32}, A_{33}, A_{34}, A_{35}\}$
$A_4=\{A_{41}, A_{42}, A_{43}, A_{44}, A_{45}\}$
$A_5=\{A_{51}, A_{52}\}$

第二步，确定评语集。

指标评判等级的确定是对指标进行量化的基础。实践表明，评判等级不宜划分得过粗或过细，通常可划分为3个等级，评判标准的含义则随评判等级的划分而确立。本书按照通过、暂缓通过、不通过三个等级，设置了各个二级指标的问项，即$V=(V_1, V_2, V_3)$=（通过，暂缓通过，不通过）。

第三步，建立指标权重集W。

$W=\{W_1, W_2, W_3, W_4, W_5\}$
$W_1=\{W_{11}, W_{12}, W_{13}, W_{14}\}$
$W_2=\{W_{21}, W_{22}, W_{23}\}$
$W_3=\{W_{31}, W_{32}, W_{33}, W_{34}, W_{35}\}$
$W_4=\{W_{41}, W_{42}, W_{43}, W_{44}, W_{45}\}$
$W_5=\{W_{51}, W_{52}\}$

第四步，指标隶属度计算。

多目标决策的一个显著特点是各个指标之间没有统一的度量标准，难以比较。因此，在进行综合评价前，应先确定指标体系中各个指标的评价值，即计算指标隶属度。本书采用模糊统计的方法来确定指标的评价值，即让专家先按照预先规定的3个等级的评语集V给指标划分等级，再依次统计各评价等级V_k（$k=1,2,3$）的频数m，且$r_{ij}=m_{ij}/n$，那么r_{ij}就是评价指标A_{ij}隶属于V_k等级的隶属度。

对于定性指标，采用频率法构造评判矩阵，即通过给专家分发评价表，要求专家在相应的等级栏内打"√"，对回收的评价表进行统计，得出各指标的评判等级频数，再把频数转化为频率。

第五步，一级模糊评判。

对每个子因素集A_i进行综合评判，A_i中的各因素的权数为$W_i=\{W_{i1}, W_{i2}, W_{i3}, W_{i4}, W_{i5}\}$，评判对象按因素$A_{ij}$评判，评语集中第$k$个结果的隶属度为$r_{ijk}$（$i=1,2,3,4,5$；$j=1,2,3,4,5$；$k=1,2,3$；$r_{ijk}$是$A_{ij}$对某评价对象作为第$k$种评定的可能程度，即从第$j$个因素来看，某项从属于第$k$种评语规定的

模糊隶属度），则 A_i 的二级指标的单因素评判矩阵为

$$R_i = \begin{bmatrix} R_1 \\ R_2 \\ R_3 \\ R_4 \end{bmatrix} = \begin{bmatrix} r_{i11} & r_{i12} & r_{i13} & r_{i14} & r_{i15} \\ r_{i21} & r_{i22} & r_{i23} & r_{i24} & r_{i25} \\ r_{i31} & r_{i32} & r_{i33} & r_{i34} & r_{i35} \\ r_{i41} & r_{i42} & r_{i43} & r_{i44} & r_{i45} \end{bmatrix} \quad (4\text{-}5)$$

A_i 的一级模糊评判集为 $A_i = W_i \times R_i$，则

$$A_i = W_i \times R_i = (W_{i1}, W_{i2}, W_{i3}, W_{i4}, W_{i5}) \times \begin{bmatrix} r_{i11} & r_{i12} & r_{i13} & r_{i14} & r_{i15} \\ r_{i21} & r_{i22} & r_{i23} & r_{i24} & r_{i25} \\ r_{i31} & r_{i32} & r_{i33} & r_{i34} & r_{i35} \\ r_{i41} & r_{i42} & r_{i43} & r_{i44} & r_{i45} \end{bmatrix} \quad (4\text{-}6)$$

$$= (a_{i1}, a_{i2}, a_{i3}, a_{i4}, a_{i5})$$

式中，$a_j = \min\{1, \sum a_i r_{ij}\}$（$i=1,2,3,4,5$；$j=1,2,3,4,5$）。

第六步，二级模糊评判。

二级模糊评判是按照第一层次的所有因素 A_i（$i=1,2,3,4,5$）进行综合评判，二级模糊综合评判的单因素评判集应为一级模糊综合评判矩阵：

$$R = \begin{bmatrix} A_1 \\ A_2 \\ A_3 \\ A_4 \end{bmatrix} = \begin{bmatrix} a_{11} & a_{12} & a_{13} & a_{14} & a_{15} \\ a_{21} & a_{22} & a_{23} & a_{24} & a_{25} \\ a_{31} & a_{32} & a_{33} & a_{34} & a_{35} \\ a_{41} & a_{42} & a_{43} & a_{44} & a_{45} \end{bmatrix} \quad (4\text{-}7)$$

$$A = W \times R = (W_1, W_2, W_3, W_4, W_5) \times \begin{bmatrix} a_{11} & a_{12} & a_{13} & a_{14} & a_{15} \\ a_{21} & a_{22} & a_{23} & a_{24} & a_{25} \\ a_{31} & a_{32} & a_{33} & a_{34} & a_{35} \\ a_{41} & a_{42} & a_{43} & a_{44} & a_{45} \end{bmatrix} \quad (4\text{-}8)$$

$$= (b_1, b_2, b_3, b_4, b_5)$$

第七步，评判结果的处理。

为了使最终的评判结果易于区分，对其进行量化处理，本书采用百分制等级确定向量为 $V = (V_1, V_2, V_3) = (50, 70, 100)$。对指标权重进行归一化处理，使得归一化后的总值为 1。具体为

$$b = \sum_{k=1}^{5} b_k \quad (4\text{-}9)$$

$$B = \left(\frac{b_1}{b}, \frac{b_2}{b}, \frac{b_3}{b}, \frac{b_4}{b}, \frac{b_5}{b} \right) = (B_1, B_2, B_3, B_4, B_5) \quad (4\text{-}10)$$

令
$$V = \sum_{i=1}^{5} B_i \times V_i \quad (4\text{-}11)$$

加权计算后得评价结果，最后可得出评价等级（表 4-1）。

表 4-1 评价等级与相应评价值

评价值 V / 分	评价等级
50 以下	不通过、不可行
50～69	暂缓通过、暂缓组建
70～100	通过、可行

3. 指标权重计算（表 4-2）

表 4-2 指标熵值与权重

指标	V_1	V_2	V_3	熵值（e_1）	权重（Q_1）
R_1（创新活动）	0.0069	0.3470	0.3463	0.5095	0.2537
R_2（创新绩效）	0.0069	0.3463	0.0069	0.0142	0.2018
R_3（服务产业）	0.0069	0.3470	0.3678	0.7557	0.2026
R_4（运行管理）	0.0010	0.0069	0.2610	0.7083	0.2039
R_5（利益保障）	0.0065	0.3452	0.0059	0.0112	0.1511

4.3.4　广西创新联合体绩效评估指标体系

广西创新联合体绩效评估指标体系见表 4-3。

表 4-3 广西创新联合体绩效评估指标体系

评价指标	评分要点	分值 / 分	分值等级
创新活动	联合体按照协议约定实施"卡脖子"技术和关键核心技术定期梳理和精心凝练情况，形成产业技术创新链报告（定期）情况	10	
	技术创新项目及经费到位情况，不少于两家联合体成员单位共同承担国家和地方科技计划项目情况	10	A（18～25 分） B（9～17 分） C（≤8 分）
	促进联合体成员单位围绕产业技术创新链实现产学研紧密结合情况	3	
	联合体成员单位科研仪器、设备等科技资源共享情况	2	

续表

评价指标	评分要点	分值/分	分值等级
创新绩效	组织合作创新项目取得核心技术成果情况	10	A（14～20分） B（7～13分） C（≤6分）
	申请获得与联合体目标任务密切相关的发明专利及其他知识产权情况、国内外核心期刊发表论文情况	5	
	联合体成员单位参与制定国家标准、地方标准、行业标准，共建研发机构等情况	5	
服务产业	联合体成员单位参与制定产业技术规划或产业技术路线图情况	4	A（14～20分） B（7～13分） C（≤6分）
	提供行业服务（如提供展览、学术会议等专业化服务）情况	4	
	联合体成员单位间交流培养人才情况	4	
	组织对外技术转移、标准推广及新产品示范应用情况	4	
	联合体创新能力和引领服务产业作用达到行业公认程度等情况	4	
运行管理	联合体理事会、专家委员会、秘书处设立情况	4	A（14～20分） B（7～13分） C（≤6分）
	秘书处运行情况（如人员专职化、办公场所和经费保障、有效开展活动等情况）	4	
	联合体成员保持稳定及发展新成员情况（不少于6家以上产学研单位），参加相关国家级联合体建设情况	4	
	联合体设立运行管理制度、建设网站等情况	4	
	联合体是否召开年会或日常工作会议、是否有活动简报信息等情况	4	
利益保障	联合体理事会、秘书处充分听取成员单位表达意见、反映和解决成员单位诉求等情况	5	A（11～15分） B（6～10分） C（≤5分）
	联合体实现共同利益，如共享知识产权、联合体促进成员单位发展、成员单位参与联合体活动获得实际利益等情况	10	

说明：（1）总分100分。
（2）得分在70分及以上，且5项指标分值等级均为B以上的，绩效评估通过；得分为50～69分的，暂缓通过绩效评估，可在下一年度重新申请绩效评估，如再不能通过绩效评估，则取消试点资格；得分低于50分的，绩效评估不通过，取消试点资格。

4.3.5 广西创新联合体组建认定评估指标体系

广西创新联合体组建认定评估指标体系见表4-4。

表 4-4　广西创新联合体组建认定评估指标体系

一级指标	二级指标	评价标准	分值/分	得分
总体定位与发展规划（8%）	组建背景及战略意义	目标定位清晰，对创新联合体组建背景和战略意义的论述充分有力，建设规划可行，对国家和区域社会经济发展具有重要意义。酌情打分	2	
	发展规划	紧跟学科前沿研究和重大科学问题研究，或有与地方经济建设密切相关领域的技术研究。酌情打分	2	
	研究方向与特色	研究方向特色鲜明、优势突出，能推动学科发展、产业发展，能支撑解决经济和社会发展重大科学问题。酌情打分	2	
	重点任务	重点任务聚焦国家需求和广西产业发展需要。酌情打分	2	
牵头单位基础条件（28%）	业务收入	具备较强的行业影响力，能够集聚产业链上下游企业、高等学校和科研院所等创新资源，年主营业务收入原则上应达到 10 亿元以上。酌情打分	7	
	研发团队	研发实力雄厚，有专职研发团队，专职研发人员原则上应达到 30 人以上。与高等学校、科研院所及科学家团队有良好的合作基础。酌情打分	7	
	研发投入	企业近三个会计年度（实际经营期不满三年的按实际经营时间计算）的研究开发费用总额占同期销售收入总额的比例原则上不低于 3%。酌情打分	7	
	研究基础及创新能力	近三年建有自治区级及以上重点实验室、工程（技术）研究中心、技术创新中心、企业技术中心等创新平台 5 个以上，可得满分 7 分。能够发起、组织高水平学术交流、为行业提供技术服务、国际合作、成果转移转化等活动。其他情况酌情打分	7	
成员单位基础条件（8%）	合作基础	成员单位与牵头企业在技术研发、成果转化、标准制定、国际合作、品牌建设等方面具备合作基础，并达成合作意愿。酌情打分	4	
	成员结构	成员单位包含企业、高等学校、科研院所三类的，可得满分 4 分；包含其中两类的可得 3 分，其他情况酌情打分	4	
管理运行机制（8%）	执行机构	建立常设创新联合体执行机构，配备必要的工作人员，负责开展决策、咨询和执行等日常工作。酌情打分	4	
	制度建设	建立经费管理制度和内部监督机制，可委托常设机构的依托单位管理经费。政府资助经费的使用按照相关规定执行，并接受有关部门的监督。酌情打分	4	

续表

一级指标	二级指标	评价标准	分值/分	得分
科研能力与创新能力（48%）	创新平台	近三年内建有国家级、自治区级各类创新平台的成员单位数（除牵头单位外）占总单位数30%以上的，可得满分10分，其他情况酌情打分	10	
	创新能力	具有足够的前沿技术识别能力和较强的辐射带动作用，具有承担国家级或自治区级重大科研任务的能力。近三年内主持牵头承担国家级、自治区级科技计划项目或承担行业相关的国家级、自治区级应用研究、关键共性技术攻关等科研项目的成员单位数（除牵头单位外）占总单位数80%以上的，可得满分10分；占比在50%以上的，得5分。其他情况酌情打分	10	
	科研经费	科研经费到位情况，获得横向科研经费能力。酌情打分	8	
	科技奖励	拥有自治区级及以上科技获奖成果的成员单位数（除牵头单位外）占总单位数70%以上的，可得满分6分；其他情况酌情打分	10	
	成果转化	科技成果转化及产业化能力强，科技服务广泛开展。结合中试基地建设情况、科技成果转化和产业化情况酌情打分	10	
总分			100	

综合评价等级：可行（70分≤评分）；暂缓组建（50分≤评分＜70分）；不可行（评分＜50分）

4.4 广西创新联合体典型案例分析

4.4.1 新一代交通基础设施绿色智慧建管养技术及产业化创新联合体

新一代交通基础设施绿色智慧建管养技术及产业化创新联合体由广西交科集团有限公司牵头，广西北部湾投资集团有限公司、广西新发展交通集团有限公司、广西北投公路建设投资集团有限公司、广西路桥工程集团有限公司、广西路建工程集团有限公司和广西交通设计集团有限公司等10家企业，广西大学、长沙理工大学、桂林电子科技大学等7所高等院校，以及1个研究机构联合组建，是广西首轮认定的4家创新联合体之一，也是广西交通行业目前唯一一家创新联合体。联合体覆盖交通建设全产业链，拥有多个共建平台和联合开展的科技项目，承接了大跨径拱桥施工建造技术、岩溶工程地质技术、绿色路面材料等国家级、省部级重大科技项目，孕育了一批代表性转化成果。

1. 推进两个科技重大专项

依托联合体各成员单位技术专家的行业影响力，在广西交通厅发起并成立的广西交通运输重大科技专项编写工作专班的工作中，凝练出了经行业主管单位认可的联合体重大科技专项项目：①西南地区交通基础设施关键构造物耐久性提升成套技术及应用，下设新建桥隧耐久性评价与提升关键技术、耐久型装配式结构关键技术、在役基础设施耐久性评估关键技术、在役基础设施耐久性提升关键技术4个专题；②绿色公路，下设公路碳排放核算与监测、绿色公路建造技术与示范、废旧材料公路循环利用3个专题。

2. 联合建设高能级平台

联合体成员单位之间多个国家级、省部级科研平台建设取得突破。2023年联合体与郑皆连院士续签院士工作站合作协议，与袁道先、冯守中院士新签订院士工作站合作协议，为联合体可持续发展提供强大的智力支持和技术保障。2023年广西交通设计科普馆获评"优秀文博馆"、2024年荣获"十佳文博馆"称号；广西交通设计集团有限公司与同济大学共建未来交通科技创新联合实验室；广西北投信创科技投资集团有限公司等联合体单位首次获得国家高新技术企业认定；广西路建工程集团有限公司下属子公司交建公司、广西交科集团有限公司下属子公司建材院两家单位获评2024年度"广西瞪羚企业"认定；广西交科集团有限公司增设新材料公司、捷赛公司两家专精特新企业等。联合体成员单位有12个平台获得2023年度广西交通运输行业科研平台认定。

3. 沥青路面技术实现重大突破

依托联合体成员单位广西交科集团有限公司、广西新发展交通集团有限公司、长沙理工大学、广西路建工程集团有限公司，研发了夏热冬温区沥青路面品质保障技术。2021～2023 年该项目在沥青混合料损伤机理、混合料设计方法及性能评价、混合料生产仿真及路面施工智能化管控等方面形成了多项重大创新，成果包括发布标准两部；授权国家专利及软件著作权 26 件；EI/SCI 检索论文 30 篇；支撑建设国家级企业技术中心、自治区级中试研究基地等科研平台；建成国家级虚拟仿真实验项目 1 个；培养国务院政府特殊津贴专家等高层次人才 6 名。项目成果在广西、贵州、海南等省（区、市）示范应用，支撑了夏热冬温区 20 余条高速公路及其他类型道路 2500 余公里沥青路面建设，为高品质沥青路面建设提供了技术示范。

依托联合体成员单位广西交科集团有限公司、重庆交通大学、广西路建工程集团有限公司、广西交通职业技术学院、广西路桥工程集团有限公司，研发了水泥路面双层摊料整体成型建造关键技术。该项目聚焦石灰岩机制砂混凝土在水泥路面中应用的形式和工艺等工程实际问题，经十余年的系统研究和技术攻关，获得国家专利授权 7 项、省级工法 1 项，发表学术论文 18 篇，2021～2023 年利用技术成果铺筑 24 个项目共计 654 公里水泥路面。采用该项目技术成果铺筑的水泥路面的强度、平整度、耐磨抗滑性能、抗碳化能力等指标达到或优于采用国内外当前水泥路面建造技术铺筑的水泥混凝土路面，有效推动了国内外水泥路面施工建造技术的进步，填补了国内在水泥路面双层摊料整体成型建造技术上的空白。

4. 科技成果转化提质增效

2023 年 6 月 19 日，橡胶沥青生产基地在广西钦州建成投产，其所研发的绿色环保橡胶沥青等道路材料已被用于公路建设，产业化产值超 5 亿元，带动设计、咨询等相关产业产值近 22 亿元，推动企业科技成果转化向产业化和高端化进军。广西交科集团有限公司孵化培育的"桥梁卫士"信息化成果获行业主管部门推广，推动交通建管养朝着绿色、智慧转型升级。

4.4.2 青蒿素及小分子化药创新联合体

青蒿素及小分子化药创新联合体以桂林南药股份有限公司为牵头单

位，以广西壮族自治区食品药品检验所、广西仙草堂制药有限责任公司为核心层单位组建。广西壮族自治区食品药品检验所化学药首席专家卢日刚团队深度参与了青蒿素及小分子化药创新联合体的策划及组建。联合体联合了上海交通大学、江西中医药大学、广西大学、中国科学院广西植物研究所、桂林医学院等8家科研机构、高校和企业，围绕青蒿素药物及大健康产品、小分子化药等开展创新研究，解决制约生物医药产业发展的关键核心技术，为开发青蒿素创新药及小分子化药创新研究搭建"桥梁"；促进联合体成员之间的资源共享、互利互惠、协同合作和创新；推动广西医药大健康产业的高质量发展，达到国内外先进水平。

1. 创新联合体标识设计

青蒿素及小分子化药创新联合体标识以分子式的概念和创新联合体英文为设计雏形，将具象的分子式抽象扁平化为简易图形，从而形成一个等边三角形的高山形状。等边三角形从工程力学的角度看，是最稳定和对称的结构，代表稳定、规律、严谨，也象征着创新联合体之间稳固且紧密的合作关系，还寓意勇攀高峰。三个蓝点分别代表企业、研究机构、院校，同时环绕青蒿，象征联合体极大的向心力和凝聚力（图4-1）。

图4-1 青蒿素及小分子化药创新联合体标识

2. 医药创新与药物研发

在青蒿创新研发方面，2021年青蒿琥酯新增适应症研究提交新药临床试验申请（investigational new drug application，IND）；完成两款青蒿牙膏研究开发，已实现上市销售；开展了高含量青蒿品种研究。

在创新药方面，2021 年与岳建民院士团队就抗疟创新药进行合作，项目已完成了前期活性化合物的筛选；2024 年与上海交通大学合作完成了青蒿琥酯改良型创新药的新增适应症 IND。

在仿制药方面，2021～2023 年承担广西科技重大专项"仿制药一致性评价及关键技术研究与产业化应用示范"研究工作，研究开发马来酸阿伐曲泊帕片等 5 个仿制药项目；磷酸特地唑胺片等 8 个产品完成注册申报；托伐普坦片、氯化钠注射液、帕拉米韦注射液、阿司匹林肠溶片获得生产批件；通过磷酸特地唑胺片药品注册生产现场核查；盐酸舍曲林片、复方新诺明片完成美国食品药品监督管理局（food and drug administration，FDA）注册现场检查，复方新诺明片获得美国 FDA 上市许可；蒿甲醚本芴醇片、二代注射用青蒿琥酯（精氨酸/碳酸氢钠＋注射用青蒿琥酯）、蒿甲醚原料三个项目通过世界卫生组织预认证（prequalification，PQ）。

在原料药方面，2021～2023 年桂林南药股份有限公司与长沙晶易医药科技股份有限公司共建三氮唑抗感染药物原料药研发平台；完成马来酸阿伐曲泊帕原料药的注册申报；完成双氢青蒿素原料药的优化工艺研究并申报 PQ。

3. 创新平台建设

2021～2023 年，桂林南药股份有限公司与广西壮族自治区食品药品检验所共建广西药用辅料研究和评价技术实验室；桂林南药股份有限公司与桂林医学院共建产业技术研究院；联合申报广西工程研究中心及广西重点实验室并获批；桂林南药股份有限公司与长沙晶易医药科技股份有限公司共建三氮唑抗感染药物原料药研发平台；开展新药技术服务项目 20 余项。

4. 联合培养人才

2021～2023 年，聘请著名有机化学家、中国科学院岳建民院士担任首席科学家，开展青蒿琥酯改良型创新药的研究开发，并依托该重点项目，培养技术英才；桂林南药股份有限公司与沈阳药科大学联合创办了"药学高级专门人才广西研修班"，提升内部研发人才的专业技术能力；与广西师范大学共建了"生物与医药研究生联合培养基地"；引进高水平博士 7 人，培养硕士毕业 4 人、博士毕业 2 人、博士后出站 1 人。

4.4.3 数智转型与产业化应用创新联合体

数智转型与产业化应用创新联合体由润建股份有限公司牵头，广西大学、桂林电子科技大学、广西民族大学、柳州工学院、广西科学院、南宁市智谷人工智能研究院及 8 家上下游行业企业共 15 家单位联合组建。创新联合体开展人工智能、物联网、大数据、云计算、北斗、区块链、5G 等关键核心技术与共性技术的协同创新与技术攻关，以技术创新赋能通信、政务、建筑、警务、消防、交通、电力与新能源等应用场景，形成并转化一批产业核心产品，着力解决产业转型升级中技术攻关难突破、产业结构有瓶颈等问题，重点面向数字政府、智慧城市建设等领域推广数智化转型解决方案，推动广西产业实现数字化、智能化转型。

1. 关键核心技术联合攻关

2021～2023 年，共同开展"空天地一体协同重大灾害应急智慧服务平台研发与应用示范""面向 5G 基站的低碳光储融合智能直流微电网供能关键技术研究与应用""基于广西长寿老人肠道菌群研究和产品研发""广西文化产业互联网平台研制与应用示范""中国-东盟北斗检测科技服务业公共服务平台建设""广西元宇宙发展策略及其在产业场景运用研究"6 个省部级科研项目研究。开展北斗精密单点定位的三频模糊度解算技术攻关，共获得 5G、北斗、区块链等应用领域授权发明专利两件：基于联盟区块链的北斗定位信息安全加密方法及装置、基于 5G 的新型故障指示器。开展软件平台开发，共获得软件平台开发著作权 3 件：后勤内控管理系统 V1.0、工程项目管理系统和作业现场管理平台 V1.0。

2. 共建科技创新平台

2021～2023 年联合体组建申报 3 个自治区级工程研究中心获得自治区发展改革委认定。润建股份有限公司、广西科学院组建了广西北部湾碳汇与低碳工程研究中心，依托研究中心定位与资源，润建股份有限公司积极布局能源网络业务，已在广东、广西、海南、湖南等全国多个省（区、市）

落地新能源项目。广西产研院时空信息技术研究所有限公司、桂林电子科技大学组建了时空信息技术工程研究中心，依托研究中心定位与资源共同参与合作无人机高精度导航、平陆运河等项目。广西数科院科技有限公司、桂林电子科技大学组建了广西元宇宙场景应用创新工程研究中心，从元宇宙技术集成创新研究、元宇宙内容生产技术等方面进行技术攻关，共同推进元宇宙、数字化领域成果的转化与应用。

3. 加速科技成果转化

以产业链打通创新链、提升产业创新能力为目标，采用以广西为核心、延伸全国、辐射东盟的发展布局，依托润建股份有限公司在全国 29 个省（区、市）的业务优势，扩大市场合作范围，以科技成果研发与转化为切入点加强市场合作，提高创新成果产出数量和科技成果转化效率。

4. 联合培养人才

联合体依托高校科教资源、企业产业资源，通过设立博士后工作站、研究生实践基地等方式培养人才。例如，广西数科院科技有限公司、桂林电子科技大学联合招收博士后，润建股份有限公司、广西民族大学共建工程硕士研究生联合培养基地。

4.4.4　智能网联商用汽车产业创新联合体

智能网联商用汽车产业创新联合体由东风柳州汽车有限公司牵头，联合西安交通大学、华中科技大学、东南大学等 7 所高校及广西产研院时空信息技术研究所有限公司、方盛车桥（柳州）有限公司等 5 家企业联合组建。

1. 关键核心技术联合攻关

基于模块化的软硬件架构设计与完全自主研发核心算法，联合打造出"乘龙领航"智能驾驶技术平台，突破了重卡智能线控底盘两安融合安全防护技术、多源异构融合感知技术及蜂窝车联网（cellular vehicle-to-everything，C-V2X）车路协同与 5G 远程驾驶技术等，2022 年获得国内首张全场景智能网联电动物流载货示范应用牌照；2023 年实现封闭园区无人物流的商业化运营。面向高速干线物流的自动驾驶卡车顺利完成广西—新疆 8000 公里长测，目前已投放客户运营，自动驾驶行驶里程接近 100 万公里，自动驾驶比例超过 95%，平均节油率超过 5%。

联合开展基于国产汽车芯片的中重型商用车域控制器研发关键技术研究，2023 年完成基于国产汽车芯片的双预警系统控制器开发，实现关键芯片的国产化替代。目前，已装配在柳汽热销车型，开展整车适配性测试和实际道路测试。

2. 共建科技创新平台

共建广西新能源卡车工程研究中心，围绕新能源卡车产业发展，重点聚焦"新能源""智能网联""NVH（noise, vibration, harshness；噪声、振动与声振粗糙度）与舒适性"三个研究方向，开展关键核心技术及共性技术攻关、整车集成和关键部件研发、工程化试验验证、关键工艺研究并推动产业化应用，提高区域新能源卡车产业的自主创新能力和核心竞争力。

共建"广西交通运输行业车路云一体化协同重点实验室"，2023 年被广西交通运输厅认定为广西首批交通运输行业三个重点实验室之一。实验室聚焦广西重大战略性新兴产业——智慧交通、智能汽车与车联网，瞄准车路云一体化融合控制的科学前沿，整合交通运输、机械工程、车辆工程等学科优势资源，重点开展智能汽车环境感知、目标检测与跟踪、车联网可靠性通信、车路协同、路径规划与决策等关键技术研究，建立多维度研究、测试与展示系统，以智能物流、智能消防等应用领域重大需求为突破口，解决领域内关键共性技术难题并实现产业化应用。

3. 开放共享试验检测

试验检测是验证产品研发质量，推动核心技术自主化和产业发展的重要环节。联合体各成员单位将自己积淀的试验检测技术、团队服务能力及投资建设的试验条件以多种形式向联合体其他成员单位开放共享，可有效整合科技创新资源，提升资源利用效率，提高创新整体效能。

联合体牵头单位东风柳州汽车有限公司持续加大研发试验条件建设投入，2024 年 1 月东风柳汽研发试验场正式落成启用。该试验场拥有 7 个测试功能区和 1 个服务区、53 种特种路面。其中包括直线性能路、制动评价路、NVH 评价路、强化坏路、动态广场、噪声路、坡道和综合服务区 8 大区域。整体占地面积约 30 万平方米，路面面积约 20.5 万平方米，试验场能够同时满足 3.5 吨以下乘用车及最大至 55 吨商用车的测试需求，涵盖强制性检测和整车性能、NVH、耐久、操稳等多方面的开发性测试。

4. 联合培养人才

广西科技大学和东风柳州汽车有限公司共建广西科技大学智能车辆（制造）与新能源汽车产业学院，并于 2022 年入选国家首批现代产业学院。联合共建桂林电子科技大学智能制造现代化产业学院，其于 2021 年获批成为广西普通本科高校示范性现代产业学院。2023 年东风柳州汽车有限公司与桂林电子科技大学共建的"机械工程研究生联合培养基地"获批为广西示范性研究生联合培养基地。通过联合共建，探索应用型人才特色培养的新路径，建立产教融合多方协同的育人机制，为提高产业竞争力提供人才支持和智力支撑。

4.4.5 基于双碳战略的低碳胶凝材料关键技术及产业化创新联合体

基于双碳战略的低碳胶凝材料关键技术及产业化创新联合体，由广西鱼峰水泥股份有限公司[①]牵头组建，联合桂林理工大学、广西大学、广西科技大学、广西建筑材料科学研究设计院有限公司、广西绿色水泥产业工程院有限公司、桂林鸿程矿山设备制造有限责任公司等 10 家单位组建。联合体紧扣"双碳"目标，围绕水泥行业前沿和重大科学问题，汇集广西的权威专家团队，以八桂学者、教授级高工杨义为联合体首席科学家，利用固体废物替代燃料技术、固体废物替代原料技术、低碳技术、建材全生命周期减碳技术等绿色技术及材料，共同助力水泥行业绿色发展，推动广西壮族自治区水泥行业清洁、绿色、低碳、高质量发展，开创绿色水泥产学研合作新高度。

---

① 现已更名为广西柳州鱼峰水泥有限公司。

开展超低能耗超低排放绿色水泥智能制造关键技术研发与应用示范，在提高水泥产品质量、降低能耗电耗、协同处置废弃物、综合利用资源和减少氮氧化物及二氧化碳排放等方面取得重大突破，形成了一套绿色水泥智能制造生产新技术，达到国内领先水平，并建立了一条日产能规模为5500吨熟料的新型干法水泥生产线。

开展"多元固废协同制备低碳胶凝材料关键技术、装备开发及生产示范"项目研究，针对传统水泥工业高能耗、高碳排放量、优质资源匮乏三大固有难题和"双碳"目标下超净排放的新压力，拟攻克粒度可调与多级分选高效粉磨技术瓶颈，揭示多元固废机械化学活化、多态效应协同作用机制，形成了一条国际领先的年产100万吨的多元固废低碳胶凝材料生产线，形成了一套示范引领性的低碳胶凝材料高效、节能、智慧生产工艺系统。

开展钢渣分相熟料烧成机理与工程应用关键技术研究，通过钢渣生态水泥与混凝土系列技术的系统集成，突破了目前钢渣在水泥行业综合利用中存在的安定性不良和易磨性差两大技术瓶颈；完成了工业化示范，充分利用钢渣的化学矿物组成特点，取代天然原材料、改善热工制度，达到节约资源和减少排放的效果。研究成果水平总体达到国际先进水平，其中钢渣分相熟料烧成技术达到国际领先水平。

4.4.6 中药民族药研究开发及智能制造产业化创新联合体

中药民族药研究开发及智能制造产业化创新联合体由桂林三金药业股份有限公司牵头，联合桂林三金大健康产业有限公司、广西壮族自治区食品药品检验所、浙江大学、广西医科大学第一附属医院、广西壮族自治区中国科学院广西植物研究所、广西师范大学、桂林医学院、苏州泽达兴邦医药科技有限公司、桂林市食品药品检验所9家区内外高校和行业知名科研院所组建。创新联合体以牵头单位为核心，聚焦中药民族药，以产业链为纽带，服务于广西中药民族药及大健康产业，带动广西中药及民族药的创新发展、转型升级和产业链协同提升，推动广西生物医药大健康产业品牌的快速、高质量发展。

联合体围绕中药民族药全产业链，聚焦中药民族药及大健康产品的创新研究，突破产品开发、药材种植、炮制加工、提取制剂等产业链的一系列技术难题，建立中药民族药创新研发和智能制造平台，实现技术开发、成果转化、人才培养、知识产权和标准化创新体系建设，加快形成一批具有自主知识产权的创新成果并实现产业化。获得三金大健康®辅酶Q10片、三金大健康®维生素C维生素E咀嚼片（草莓味）、三金大健康®多种维生素矿物质咀嚼片、三金大健康牌破壁灵芝孢子粉4个保健食品批准文号。获得DHA蓝莓叶黄素酯压片糖果、牦牛骨肽维生素D钙咀嚼片、DHA藻油蛋白质粉、复合氨基酸蛋白质粉、中老年高钙蛋白质粉、阿胶红枣蛋白质粉、牦牛骨肽高钙蛋白质粉、无蔗糖高钙营养蛋白质粉8个功能食品新产品。在新药研发方面，获得国家自然科学基金项目15项、广西自然科学基金项目13项立项支持，获得广西科技进步奖7项、桂林市重要技术标准研制奖2项，申请专利18件，获得发明专利授权23件。

联合体依托高校科教资源、企业产业资源，通过设立博士后工作站、研究生实践基地等方式培养人才。引进博士研究生8人，培养硕士毕业4人、博士毕业2人、博士后出站2人。

4.4.7 西部陆海新通道（平陆运河）智慧绿色港航建设创新联合体

西部陆海新通道（平陆运河）智慧绿色港航建设创新联合体由广西交通设计集团有限公司牵头，联合广西壮族自治区港航发展中心、广西北部湾国际港务集团有限公司、广西西江开发投资集团有限公司、大连海事大学、交通运输部科学研究院等13家企事业单位、高等院校、研究机构组建。

联合体以聚焦港航现代化建设发展数字化、智慧化、绿色化关键技术攻关和创新成果落地，构建"政、产、学、研、用"五位一体的港航科技创新生态圈，推动广西港航创新可持续发展为建设宗旨，建设期内致力实现六大创新目标：①突破典型事件形成机理和推演呈现等关键技术，打造首个运河"数字孪生"平台，实现全生命周期的精细化、数字化和智能化管理；②突破北斗、船舶自动识别系统（automatic identification system，AIS）、视频、雷达、激光和甚高频数据交换系统（very high frequency data exchange system，VDES）等关键技术，打造覆盖陆、海、空、天四位一体的智能感知和通信网络，实现航道通航要素数据采集与融合及高精度电子航道图的生产;③突破水情预测、态势风险研判、船舶交通组织规划、船闸调度和服务信息匹配等人工智能技术,打造数字港航一体化智能监管、调度和服务平台,实现港航大数据有效治理和智能应用;④突破多船智能避碰、自动靠离泊和远程遥控等关键技术,打造船岸协同的智能船舶平台,实现运河复杂水域的船舶自主航行和远程遥控驾驶;⑤突破生态护岸结构、枢纽构型、鱼类洄游补偿、低生态影响平面布局、生态监测、污染物高效处理、环境保护与修复和航道生态仿真等绿色航道关键技术,构建绿色低碳生态航道建管维体系和评价体系,为航运"碳达峰、碳中和"提供科学支持;⑥突破运河社会经济土地要素的长时序动态监测关键技术,打造运河评价体系,实现对运河对广西经济社会发展影响的客观评价。

组建以来,联合体广泛聚集创新资源,先后承担实施"平陆运河全生命周期数字孪生平台技术研究及示范应用""平陆运河跨线桥梁拆建再利用及交通组织优化关键技术研究""交通安全应急信息技术国家工程实验室东盟(广西)分实验室""北部湾港沿海数字航道与智慧监管服务系统研发与应用"等省级科技项目,联合攻克了一批新一代交通基础设施数字化、智慧化和绿色化关键技术,为平陆运河创建科技示范工程贡献力量,共同推动广西港航事业的科技进步和创新发展。其一,依托联合体深化推广广西数字港航一体化平台应用,截至2024年10月,平台接入数据超606亿条,完成超过168.6万次数据共享交换,日均交换数据1.1亿条,实时接入超过1319路视频,完成30个业务系统的接入,已成为广西各级、各地港航发展部门行业管理和服务的统一数字化门户,极大提升了广西港航的智慧监管能力和综合服务水平。其二,建设北部湾港综合调度系统,整合港口调度、引航、海事、海关、边检等部门数据,自2023年1月全面上线运行以来,首次实现跨部门船舶、船期、交通管理、查验等信息数据实时同步和北部湾港综合调度"一站式"服务。通过港口、码头、引航、海事、海关、边检"一次申报,六方协同",企业靠离泊申报时长减少30分钟,港口调度排班时间缩短30分钟,北部湾港靠离泊申报工作效率整体提升20%。其三,推进西江航运干线贵港至梧州3000吨级数字航道建设,实现港口、航道、航运、船闸、AIS、视频监控、水情水位等20多种航道要素集成和数字资源整合,构建了广西高等级航道的首个大跨度航道感知网络。

在共建科技创新平台方面,目前联合体已建成"广西壮族自治区港航数字工程研究中心""广西交通运输行业数字港航研发中心""广西数智港航协同创新平台"。

第 5 章

国内创新联合体组建及发展的政策措施及借鉴启示

5.1 国内创新联合体组建及发展的政策措施

创新联合体是关键核心技术攻坚战的主力军,是企业主导、产学研深度融合的新型联合攻关组织。我国创新联合体建设通过近年来政府相关部门的积极推动,已经达到一定的规模,并取得了明显成效。然而,从促进合作创新、提升原创性引领性产业创新能力的角度看,亮点还不多,成效还不明显。一方面,政府科技管理部门推动的产业技术创新战略联盟、教育管理部门推进的协同创新中心建设已暂停,未能持续发展,表明联合体建设仍然处于探索阶段,未形成成熟的体制机制,还面临多方面的问题和挑战。另一方面,从江苏、新疆、海南、北京、重庆等 20 多个省(区、市)相关科技管理部门的实践来看,出台的政策文件虽然普遍强调科技成果转化,重视强化产业链上下游企业及其与高校科研院所的合作,提倡有效市场和有为政府相结合,但相互间差异也很明显,反映了不同地区对创新联合体的理解有很大不同。

一是对创新联合体的目标定位认识不同。有的地区认为创新联合体应瞄准体现国家战略需求的"卡脖子"技术,组织实施关键核心技术攻关,寻求重大科技创新突破。但多数地区更重视围绕本地区产业发展需要,突破产业发展的关键核心技术。二是对创新联合体的组织方式看法不同。有的地区认为创新联合体应该是高度一体化的组织,各参与方共同成立实体化的联合研究机构开展技术攻关。但有的地区认为创新联合体可以是市场机制下相对松散的虚拟组织。三是对创新联合体的组建条件规定不同。绝大多数地区强调由龙头企业牵头组建创新联合体,部分地区支持科研院所、高校牵头组建创新联合体,如重庆将大学牵头的产业技术创新联盟纳入创新联合体的范畴。部分地区对创新联合体成员单位有详细的数量及类型要求,如湖北规定创新联合体成员单位一般不少于7个,其中产业链上下游企业不少于5个、高校和科研院所不少于2个;海南出台的方案要求创新联合体成员单位原则上不少于10个。国内部分省(区、市)创新联合体政策对比见表5-1。

表5-1 国内部分省(区、市)创新联合体政策对比分析

省（区、市）	建设目标	组建条件	运行机制	支持措施
北京	在新一代信息技术、医药健康、智能制造与装备、集成电路、智能网联汽车等高精尖产业领域,布局培育20个左右具有国际影响力的创新联合体	分成领军企业牵头型、创新平台支撑型、任务场景驱动型、专利标准聚合型,以及基金等其他适用的方式	实行"行政+技术"双总师负责制,并设立项目专员;行政负责人由依托单位的主要负责人担任,技术负责人由领域内高层次领军人才担任,项目专员应具有相关技术背景和一定的管理能力,全程跟进创新联合体攻关进程	探索"里程碑"式资助方式,根据阶段性考核结果给予分阶段支持,并通过"人才+项目"资金奖励机制,探索试行灵活的用人和薪酬制度。各区采取一次性奖励的措施,对认定的国家级、省级、市级创新联合体给予不同等级的补助
上海	围绕全市战略性新兴产业布局和临港新片区前沿产业领域,培育组建不少于10个创新联合体	行业龙头企业或知名科研院所以及重大创新平台	明确要求实行牵头单位法人和首席专家"双重领导责任制"	鼓励多元化资金投入创新联合体建设,并选派专业科技特派员入驻创新联合体,对内部产生的创新创业载体、产业技术高端智库、联合实验室等给予支持
湖北	围绕"一主引领、两翼驱动、全域协同"的区域发展布局,服务"51020"现代产业集群建设	由企业、高校院所、其他社会机构等独立法人单位组成,一般不少于7个,其中产业链上下游企业不少于5个、高校和科研院所不少于2个	设立决策议事机构、技术咨询机构;设立创新联合体工作组;建立首席科学家制度、利益保障机制、开放发展机制、重大事项报告制度	支持创新联合体围绕产业发展开展应用研究、产业化项目开发和科技成果转移转化,对备案成功的创新联合体实行动态管理,定期对创新联合体发展情况进行绩效考核

续表

省（区、市）	建设目标	组建条件	运行机制	支持措施
河北	围绕六大农业主导产业和九大工业主导产业，每年建设省级创新联合体3~5个，到2025年，省级创新联合体达到10个左右	行业领军企业牵头，高等学校、科研机构、企业作为成员单位	省级科技管理部门加强工作组织，充分发挥市县科技管理部门作用，协同推进创新联合体建设，完善区域创新体系	通过承担政府科技项目、组织"揭榜挂帅"等方式协助引进省内外高水平企业、高校、科研机构等创新力量协同攻关，对企业支出的研发费用按规定给予补助经费支持
江苏	重点支持高端装备、集成电路、新能源、新材料等24个未来产业领域组建创新联合体	分为任务型（联合开展技术攻关）、体系化型（产业技术创新战略联盟）和实体型（成立合资公司）3类	各成员单位共同签订创新联合体组建协议，明确建设目标、研发任务、职责分工、科技成果和知识产权归属等，建立有效的决策与执行制度，形成定位清晰、优势互补、分工明确的协同创新机制	试点银行保险业支持方式，创新金融产品服务，并鼓励各地建立项目专员制度，负责省级创新联合体重大科技项目联络和协调，参与联合体治理体系，推动联合体各项协议规章有效落实，保障各方权利
江西	聚焦六大优势产业，在14个产业链分批组建24个创新联合体	行业龙头企业或知名科研院所牵头，成员单位一般不少于10个	按照省产业链链长制工作体系推进，由相应省领导挂帅、链长制责任部门挂点帮扶。每个创新联合体都要成立专家委员会	由链长制责任部门统筹现有资金来源安排一定经费，资助本产业链科技创新联合体建设
内蒙古	解决制约重点产业、重点领域发展的关键核心技术问题	行业领军企业牵头，高等学校、科研机构、企业作为成员单位，成员单位原则上不少于3个	按照组建协议，建立责权利统一的利益保障机制	优先支持承担国家和自治区级科技计划项目、建设国家和自治区级科技创新平台，建立产业技术高端智库
浙江	聚力打造"互联网+"、生命健康和新材料三大科创高地与"碳达峰、碳中和"技术制造点，提升十大标志性产业链，攻克制约产业发展的关键共性、基础底层等"卡脖子"技术，提升产业链、供应链的安全性和稳定性	由创新能力突出的科技领军企业、科技小巨人企业牵头组建。成员单位不少于5个	要求成立创新联合体管理协调机构，由牵头单位推举负责人，市县科技部门派人参与，统筹管理联合体攻关组织和建设运行；成立联合体专家咨询委员会，为攻关决策提供技术咨询	①给予资金支持，发挥省科技创新基金作用，吸引金融资本投入；②加强科技项目支持，优先推荐省级创新联合体参与国家创新联合体技术攻关行动；③提供人才支持，派工业科技特派员入驻；④创新联合体鼓励有条件的市县组建市县创新联合体

073

续表

省（区、市）	建设目标	组建条件	运行机制	支持措施
山东	聚焦七大产业集群、十条产业链和数字赋能产业等重点方向，以产业需求为导向，到2023年组建10个以上创新联合体	优先支持省级以上科技领军企业、制造业单项冠军企业、"专精特新"企业以及冲击新目标企业牵头组建	建立责权利统一的利益保障机制，设立理事会作为创新联合体决策议事机构	优先推荐申报省级以上创新平台载体。优先支持实施"委托制""揭榜制"等新型科研组织模式开展行业关键技术攻关，支持建设共性技术研发平台和公共服务平台
宁夏	围绕相关产业及牵头单位的关键核心技术攻关需求，组织创新联合体各成员单位开展联合研发和协同攻关，攻克制约发展的关键技术难题	行业龙头企业牵头，成员单位为高校、科研院所、企业	按照组建协议，建立责权利统一的利益保障机制。每两年开展一次绩效评价。连续两次绩效评价结果为差的取消创新联合体资格	优先支持创新联合体申报重点研发计划项目、重大科技成果转化项目；定向委托创新联合体承接重大科技计划项目，鼓励创新联合体申报"揭榜挂帅"项目；纳入"宁科贷"、科技金融补助等予以优先支持
陕西	到2023年，在主导产业、战略性新兴产业、风口和未来产业，围绕制约产业发展的"卡脖子"技术和产业共性关键技术，组建30个左右的创新联合体	由企业、高等学校、科研院所或其他组织机构等组成。牵头单位为行业龙头企业，建有省级以上科技创新平台	确定省内注册的龙头企业为牵头单位；选聘首席科学家；成员单位签署联合共建协议；省科技厅核准并批复	①省重大科技计划项目承接；②支持组建或参与建设各类创新平台；③在认定省级众创空间、孵化器等方面享受相应支持政策；④鼓励创投基金支持创新联合体开展科技成果转化
广西	到2025年，在传统特色优势产业、战略性新兴产业和未来产业领域，围绕制约产业发展的"卡脖子"技术组织攻关，组建20个以上创新联合体	由企业、高等学校、科研院所组成。牵头单位为领军企业	牵头单位发起；签署联合共建协议；选聘首席专家；区市科技局或自治区行业主管部门审核推荐；自治区科技厅核准	①支持创新联合体申报和承担自治区重大科技项目；②支持成员单位组建或参与建设各类创新平台；③鼓励社会资本参与创新联合体建设；④在认定省级众创空间、孵化器等方面享受相应支持政策

续表

省（区、市）	建设目标	组建条件	运行机制	支持措施
新疆	聚焦油气生产加工、煤炭煤电煤化工、绿色矿业、粮油、棉花和纺织服装、绿色有机果蔬、优质畜产品、新能源新材料八大产业，2025年组建10个以上创新联合体	产业生态链链主企业牵头，成员单位一般不少于5个，企业比例不低于50%	建立责任落实机制、产学研用高效协同攻关机制、决策和运行机制、多元化资金筹措机制、知识产权管理机制、开放创新合作机制	通过"定向委托""定向择优"等机制支持创新联合体承担自治区重大科技项目，并给予科研经费支持。支持建设高水平科技创新平台，多渠道扩大联合体资金投入
安徽	围绕新一代信息技术、人工智能、新材料、新能源和节能环保、新能源汽车和智能网联汽车、高端装备制造等开展产业共性技术研发、科技成果转化及产业化	科技领军企业牵头，成员为科研院所、高校、产业链上下游企业	按照"创新联合体组建协议"建立责权统一的运行保障机制，实行牵头企业负责制	支持联合体承接重大科技项目、重大科技成果工程化项目、核心技术攻关项目，优先发布"揭榜挂帅"项目榜单
海南	围绕石化新材料、数字经济、生物医药、核电产业、海上风电、现代种业等，到2025年组建创新联合体10个以上	优先支持高新技术企业作为牵头单位，年主营业务收入原则上应达到5亿元以上。成员为企业、高等学校、科研院所等，不少于10个	签署联合共建协议，形成定位清晰、优势互补、分工明确的协同创新机制。制定负面清单，对存在违规情形的，取消创新联合体资格	支持申报和承担省级科技专项项目，组建或参与建设省级重点实验室、技术创新中心、工程技术研究中心、中试研究基地等创新平台，参与相关产业战略规划制定、省级科技专项指南编制
云南	围绕现代农业、绿色铝、光伏、先进制造业、绿色能源、烟草、新材料、生物医药等产业关键核心技术组建一批创新联合体	行业龙头或领军企业	建立决策与执行机制，组织重大关键核心技术攻关、共同推进重大成果转移转化、共建共享创新平台载体、推进国内外科技交流合作	通过主动设计、定向委托、定向择优等方式由创新联合体承担省级重大科技专项，选派科技副总、科技特派员入驻创新联合体

续表

省（区、市）	建设目标	组建条件	运行机制	支持措施
长三角地区	围绕集成电路、人工智能、生物医药等重点领域，聚焦2～3年可取得突破，且需要跨区域协同解决的创新需求	三省一市的高校、科研机构、科技企业	建立部省（市）协同的组织协调机制、产业创新融合的组织实施机制、绩效创新导向的成果评价机制、多元主体参与的资金投入机制	三省一市科技厅（委）协商制订联合攻关实施办法，健全合作机制，建立长三角一体化科创云平台，引导专业机构平台积极参与

5.2　国内创新联合体组建及发展的经验做法

2021年以来，北京、上海、江苏、浙江等多地以关键核心技术攻关重大任务为牵引，试点建设了一批龙头企业牵头、高校院所支撑、各类创新主体相互协同的创新联合体，形成了百花齐放、百家争鸣的联合创新局面。

5.2.1　浙江省

浙江省加强战略统筹谋划，以市场需求为导向，以打造"科技攻关在线"重大应用为抓手，探索关键核心技术攻关组织新机制，着力组建创新联合体，全力以赴突破发展瓶颈，"抱团"攻关"卡脖子"难题。截至2022年，形成首台（套）产品98项，41项重大科研攻关成果在国家重大战略任务、产业链关键技术安全可控方面产生了较好的作用，349个攻关成果已完成进口替代。

1. 省级主动设计榜单，依托现有研发攻关计划遴选构建创新联合体

（1）精准凝练"公开挂榜"。浙江省在省级科技计划中设立专门针对联合体的专项，支持头部企业联合行业上下游企业，集成重点高校、科研机构等产学研力量，组建创新联合体，在"尖兵"计划、"领雁"计划中发布任务型、体系化创新联合体榜单12个。按照"谁被卡谁出题、谁出题谁出资、谁能干谁来干"思路，对标"技术标准、产品标准、产业标准"，组织龙头企业、最终用户等编制需求目标详细具体、时间节点清晰严格、奖惩措施直接有力的攻关榜单，凝练形成"尖兵"计划（对标"倒逼清单"）项目榜单319个、"领雁"计划（对标"引领清单"）项目榜单520个、重大社会公益项目指南374个，其中来自企业需求的攻关榜单占80%以上。

（2）择优遴选"选帅揭榜"。坚持不论资质、不设门槛、选贤举能、惟求实效的原则，开展"揭榜制"攻关机制，攻关团队事前备案、不需评审，对最先完成攻关任务的予以事后立项资助，激励优秀攻关团队"揭榜挂帅"（图5-1）。发挥龙头企业、最终用户、风投公司等在立项评审中的关键作用，探索最终用户委员会牵头评审工作机制，通过充分竞争遴选最优攻关团队，把研发攻关项目交给想干事、能干事、干成事的人。

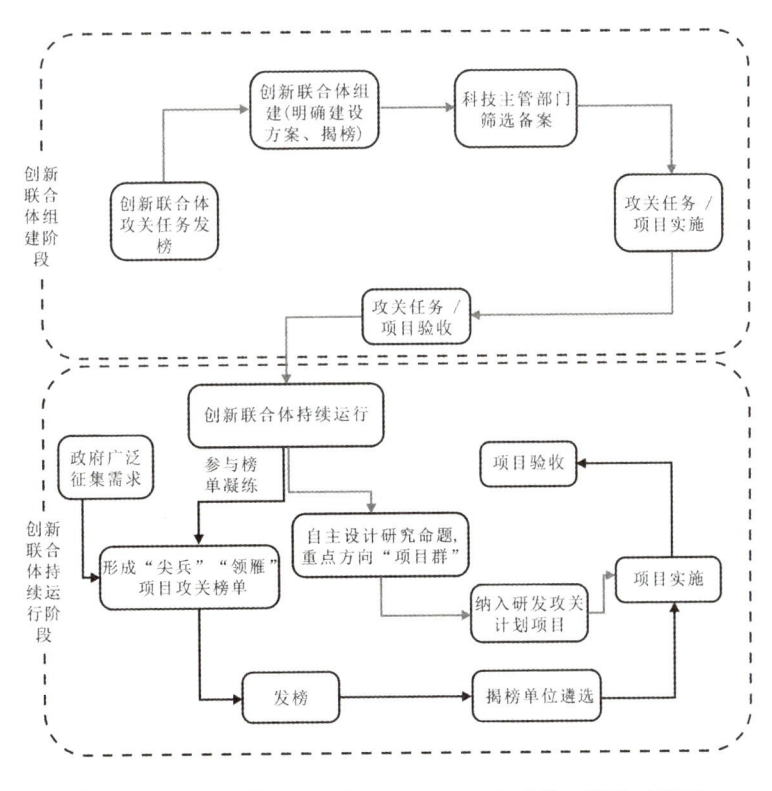

图 5-1 浙江省"揭榜挂帅"机制与创新联合体相结合示意图

（3）数字赋能"高效攻榜"。以数字化改革引领关键核心技术攻关，迭代完善"科技攻关在线"重大应用，建立"四张清单智能梳理、项目资源精准配置、科研成果精准评价、创新链风险智能迭代"的研发攻关新流程，多跨整合高层次专家6.45万人、大型科研仪器设备1.56万台（套）、重大创新平台2713家等创新资源。通过"科技攻关在线"重大应用，根据攻关需求智能化实时匹配创新资源，加快形成"进口替代清单""成果转化清单"攻关成果，实现产业链、创新链中各主体、各环节全流程一网通办，推进创新资源精准匹配和一体化高效配置。

（4）强化管理"评价验榜"。①将创新联合体建设成效作为市县党政领导科技进步目标责任制考核重要指标，省科技厅与创新联合体牵头企业法定代表人签订"军令状"，压实抓总责任，做到权责一致。完善全程跟踪机制，落实"里程碑节点考核制"，实行任务进展定期报告制、重大突破即时报告制、年底看进度机制。②项目实施期根据"军令状"明确的考核内容和具体指标实行"清单式"管理，以取得原创性、标志性、引领性成果为目标，以实现进口替代、取得战略创新产品、突破引领产业发展的科学问题和前沿技术为评价标准，以结果论英雄。③选派一批省内外高校、科研院所和科技服务机构的科技人员以工业科技特派员身份入驻创新联合体，参与联合体组织管理协调、技术路线选择、攻关方案设计、技术咨询指导等事务，提升攻关效能。

2. 调动链主型企业主观能动性，通过设立科研专项体系化构建创新联合体

（1）以申报论证方式立项，严格申报主体条件。在划定的产业发展重点领域内设立科研专项，龙头企业负责牵头发起创新联合体组建工作，市级科技部门组织专家对创新联合体构建方案进行论证认定。要求牵头企业必须同时具备行业地位突出、科研基础扎实、资源整合能力强三项条件，参建企业则必须是产业链上下游的骨干企业，在产业链细分领域具有一定的优势，并有持续的研发投入。参与的科研院所、高校在相关技术研究领域具有全国优势地位，能为产业关键核心技术突破提供理论基础和技术支撑。

（2）坚持"成熟一个、启动一个"的原则，体系化推进实施攻关。由

创新联合体牵头企业联合相关单位研究制定建设方案，梳理一批本行业关键核心技术清单，分析提出技术协同攻关任务及其必要性，市级科技部门组织专家对相关方案进行考察论证，论证通过后给予项目研发总投入 20% 的经费支持，按照任务目标及计划启动实施，市级科技部门定期对其进行考核评估。例如，中国石油化工股份有限公司镇海炼化分公司与中石化宁波新材料研究院、宁波东方电缆股份有限公司合作，以中低压电缆料为切入口，辐射电缆改性企业，推动宁波电缆产业结构和产品结构优化升级；宁波博威合金材料股份有限公司牵头的数字化研发项目成功构建了有色合金新材料数字创新平台，打造了数据资源共建共享、全时空高效协同的数字化研发生态圈，技术研发效率达到世界领先水平。

3. 科技领军企业主动发起，政府赋能灵活式构建创新联合体

（1）试行链主企业联合出资挂榜制。针对制约产业发展的"卡脖子"战略性产品或技术，试行链主企业联合出资挂榜制，由链主企业和政府共同出资，企业出题、企业选帅、企业评价、企业应用推广。政府为科技领军企业主动发起实施的技术攻关任务进行了全方位的赋能。例如，行业科技领军企业海康威视为实现数字安防产业关键核心技术的自主安全可控，主动谋划开展视频监控系统级芯片（system on chip，SoC）、现场可编程门阵列（field-programmable gate array，FPGA）、图形处理单元（graphics processing unit，GPU）等物料的进口替代及"卡脖子"技术攻关。对此，浙江省政府部门迅速出台相应政策，支持海康威视牵头联合产业链上下游企业、高校院所组建创新联合体，积极提供多维要素，共同推动技术攻关与成果转化。

（2）科技项目优先支持。浙江省政府授予海康威视省重点研发计划项目指南的建议权，以择优委托、竞争性等方式支持海康威视承担多个项目，支持其将参建创新联合体的中小企业优秀项目推荐至省级科技项目指南库，并对海康威视作为应用单位或者给予采购订单承诺的项目进行优先支持。

（3）资金配套和人才引育支持。杭州市与海康威视签订了战略协议，将创新联合体项目列入 2020 年战略合作项目表，给予海康威视市级财政资金配套支持，并积极推进新技术、新产品在杭州市率先应用。杭州市滨江区对项目也给予了区级财政资金配套支持，同时对企业研发投入进行了相应的补助支持。将海康威视两位核心技术人员纳为科技创新领军人才和青年拔尖人才，享受人才落户、住房限购、子女教育、交通出行等资格类政策。

5.2.2 北京市

北京市聚焦高精尖产业链供应链薄弱环节和产业发展共性技术需求，于 2020 年 12 月由中关村科技园区管理委员会印发实施《中关村国家自主创新示范区高精尖产业强链工程实施方案（2020～2025 年）》，提出以"揭榜挂帅"机制实施强链工程，完善政府引导开展关键核心技术攻关、实现科技自立自强的有效路径，探索形成领军企业牵头、大中小企业和各类主体深度参与协同创新的有效机制，构筑更高水平需求牵引供给、供给创造需求的创新格局。

1. 强链工程创新联合体的组建机制

（1）组建动力来自科技领军企业需求。强链工程支持成立的创新联合体首先应具有研发需求，再通过竞争遴选，由发榜单位与揭榜单位合作组建成立。科技领军企业提出研发需求解决产业链、供应链卡点问题，通过研发活动实现攻关。科技领军企业是指具有明确的科技创新战略及完善的组织体系，科技创新投入水平高，在关键共性技术、前沿引领技术和颠覆性技术方面取得明显优势，能够引领和带动产业链上下游企业、有效组织产学研力量实现融通创新发展，并在产业标准、发明专利、自主品牌等方面居于同行业领先地位的创新型企业。北京市强链工程的研发需求可归结为两类：①严重依赖国外企业的底层核心技术，希望通过国内创新主体的研发，实现国内自主可控，保障产业链安全；②针对供应链上的卡点、堵点，一般由终端产品的领军企业提出需求，从终端产品向上回溯供应链前端，开发关键零部件，为稳定供应链作出贡献，同时也能够加大科技领军企业在产业链、供应链上的话语权，提升国际竞争力。

（2）发榜企业与揭榜单位自由合作组成创新联合体。领军企业作为需求提出方，决定如何遴选项目承担单位，充分体现其决策权。在这个过程中，企业与政府科技主管部门具有明确分工，科技主管部门为企业提供平台与人员组织评审。发榜之后，揭榜单位向科技主管部门提交揭榜申请。由科技主管部门与发榜企业对揭榜单位进行第一轮筛选，之后发榜企业组织专家进行二次筛选。在二次筛选之前，还可以对揭榜单位进行现场调研。遴选方式由发榜企业决定。在强链工程中，遴选方式可有现场答辩、现场演示、实地考察等，发榜企业具有一票否决权。在二次筛选中，由发榜企业主导，根据评审结果形成遴选报告提交至科技主管部门。最终经科技主管部门审批并揭榜成功的项目，由发榜企业与揭榜单位组建创新联合体，签署创新联合体协议。

2. 强链工程创新联合体的运行机制

（1）协同研发、定向采购机制。创新联合体具有明确的攻关目标，也可称为有共同要解决的问题（即榜单需求）。面向此需求，联合体共同开展研发活动，在此过程中保持紧密的沟通，知识流动障碍较小。发榜企业要向揭榜单位提供必要的研发测试环境，把握项目研发的方向、进度，推动技术攻关真正取得实效。发榜企业向揭榜单位进行定向采购，使强链工程项目成果更快实现产业化、市场化。例如，强链工程中的一项医疗技术项目，发榜企业与揭榜单位签订创新联合体协议，内容包括对联合研发团队负责人、任务分工、双方资源投入等做出约定，同时在协议中约定采购计划和产业化安排，项目完成后，发榜企业将在首年进行 30~50 台的小批量采购，此后逐年扩大采购量。在实现研发成果直接进入发榜企业供应链后，向产业中的其他应用主体进行推广。

（2）企业为主、政府为辅的资金投入机制。强链工程以发榜企业为资金投入主体，政府财政资金作为重要补充。其中，强链工程项目的财政资金采用事前拨付，一旦立项，政府即可拨付资金，以保证研发活动的顺利开展。在第一期强链工程中，财政资金最高资助额度为 1000 万元，要求发榜企业投入不低于 3000 万元。

（3）应用为标准的项目验收机制。强链工程的"揭榜挂帅"项目，在立项之初，即建立较为明确的、可量化的考核指标。执行期结束后，政府部门与发榜企业一起组织开展验收工作，验收结论以发榜企业的意见为优先。发榜企业在组建创新联合体时会承诺定向采购，同时揭榜单位形成的技术和产品要直接进入发榜企业的供应链，切实补齐产业链、供应链的短板。在此要求下，项目验收以实际应用为明确导向。

3. 强链工程支持创新联合体"揭榜攻关"的过程模式分析

强链工程构建以领军企业为主导、政府服务为主体、联结多创新主体组建创新联合体共同开展攻关任务的科研组织模式，依托"揭榜挂帅"项目构建创新联合体（图5-2）。

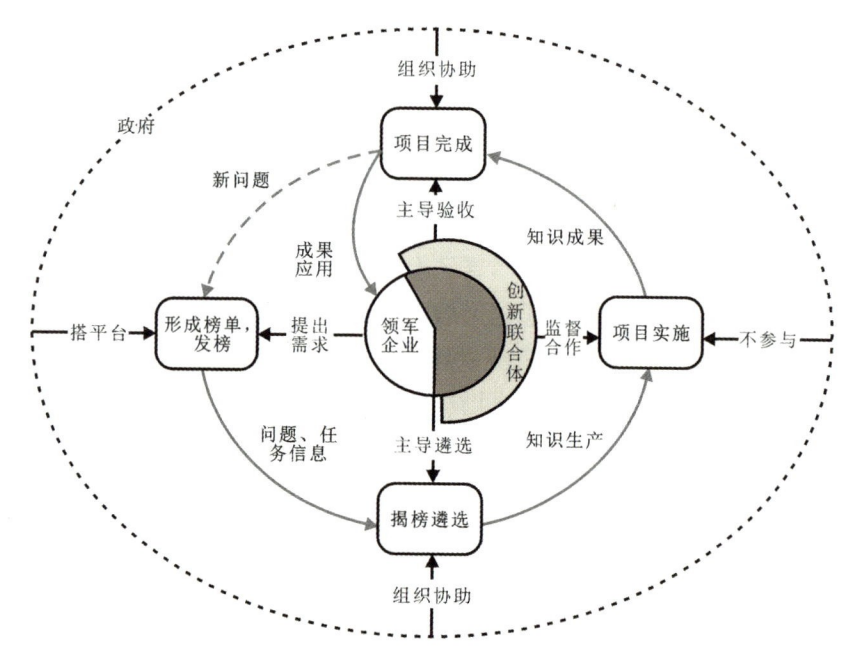

图 5-2　北京市"揭榜挂帅"机制下创新联合体组建示意图

强链工程将项目全周期简化为四个环节：榜单形成与发榜—揭榜遴选—攻关实施—考核验收。①榜单形成与发榜环节。政府组织对从发榜企业征集来的需求进行论证凝练，形成"揭榜挂帅"的项目榜单，并通过政府平台进行发布。政府在此过程中承担了搭建平台的服务角色，榜单一般面向全国征集揭榜单位；对于不适合公开发布的榜单，采取定向发榜或个性化渠道限定范围发榜。②揭榜遴选环节。由发榜企业组织遴选专家会，揭榜单位进行答辩。发榜企业确定揭榜单位后，双方组建创新联合体，进入项目实施环节。③攻关实施环节。发榜企业对研发的进度等进行监督，并最终主导项目的验收。④考核验收环节。将最终成果应用于发榜企业或其提供的场景，实现知识突破与商业价值的连接。此外，在项目完成之后可能会发现新的问题，提出新的需求。

5.2.3 上海市

近年来，上海国际金融中心、全球科技创新中心、国资国企重镇的三重地位，使其具有率先落实创新联合体建设的优势，推动以技术创新能力强、产业示范带动作用显著的领军企业为核心，带动产业链上中下游、大中小企业融通创新，开展关键核心技术攻关，全面提升自主创新能力和产业核心竞争力，为上海加快建设具有全球影响力的科技创新中心提供有力支撑。

（1）**建立市场决定、政府引导、多主体协同的机制**。上海市科学技术委员会面向产业共性技术需求，积极探索建立市场决定、政府引导、多主体协同的创新联合体机制。支持大企业建立开放式创新中心，推动构建创新联合体，启动创新联合体建设试点，强化市场决定、政府引导、有组织科研。布局56家大企业开放式创新中心，推动组建宁德时代、阿斯利康、微创医疗等20余家大企业参与的开放式创新联盟，引导大企业结合各自产业和企业特色，释放创新需求、开放应用场景，实施产学研合作、大中小企业协同，推动构建创新联合体、产业型孵化器等长效开放创新模式。例如，上海微创医疗器械集团有限公司建立良知创意中心、奇迹点孵化器，与12家医院等单位建立概念验证中心，发掘和转化高校和医疗卫生机构早期创意成果，形成了线站式科技创新服务链，截至2023年8月，已成功孵化40余家科技创新企业，5家已上市。

（2）**体系化推进关键核心技术的攻关**。面向上海重点发展的集成电路、生物医药、人工智能、数字经济等领域，引导并激发科技型骨干企业自主释放内生创新动力，牵头组建创新联合体，探索研发决策、资源共享、资金投入、知识产权分享等协同机制。例如，2023年上海集成电路材料研究院牵头发起成立临港新片区集成电路材料创新联合体，作为首批认定的6家中国（上海）自由贸易试验区临港新片区创新联合体之一正式授牌，该联合体目前集聚了 22 家成员单位，形成"下游出题、平台接题、联合解题"的研发与产业化闭环，加速核心材料的国产化进程。此外，该联合体也正在逐步推进建立试验数据、知识产权积累与共享机制，支撑集成电路材料的加速发展。

（3）**推动资金引导+资源服务**。建立创新联合体评价机制，创新科研项目布局和立项组织方式，推动有组织的科研、体系化项目布局；并在促进产学研融通创新，畅通创新要素向企业集聚通道，消除创新要素在创新链上跨部门、跨领域流动的体制障碍方面提供路径创新。建立"挂图"组团作战机制。强化国家战略和市场需求导向，引导创新联合体聚焦产业创新发展，形成强大创新合力，科学判断重点产业细分领域近、中、远期技术路线，为关键技术攻关、前瞻性技术预判、跨领域研发提供支撑。

5.2.4 江苏省

江苏历来重视产学研联合创新，为产业转型升级持续注入强劲动力。2022 年起，江苏省科技厅启动创新联合体建设试点，首批入围的 10 家创新联合体主要聚焦集成电路、新材料等战略性新兴产业领域，牵头单位涵盖法尔胜泓昇集团有限公司、中复神鹰碳纤维股份有限公司等创新型领军企业，以及华进半导体封装先导技术研发中心有限公司、苏大维格等行业龙头骨干企业。截至 2023 年 10 月，共计联合各类创新主体 136 家，累计承担省级以上科技计划项目超 150 个，攻坚解决了一批单一创新主体无法突破的共性技术难题。南京、苏州、无锡等各设区市也积极开展市级创新联合体建设工作。苏州整体迈的步伐比较大，2022 年以来共推进 4 批创新联合体建设，目前已集群成势，申报总数达到 215 个，集聚国内外高校超 300 所，各类科研机构超 200 所，上下游企业超 1000 家，实现重点产业细分领域全覆盖。建设方式上，苏州根据不同创新联合体的发展定位，提出了布局生态融合型、市场驱动型、战略引领型和平台赋能型 4 类创新联合体。每一类都采取创新链、产业链、资金链和人才链四链融合的"打法"，聚焦产业细分领域和关键技术攻关方向，明确预期创新产品，通过龙头企业牵头、研发平台支撑、大企业孵化器加速、社会资本加持的方式，打造创新生态。截至 2024 年 7 月，苏州已建设培育市级创新联合体 120 个。

江苏省在创新联合体建设实践中着力突出以下四个方面。

1. 遵循市场机制

江苏的创新联合体建设立足于企业发展的内在要求和合作各方的共同利益，以市场机制为纽带，以自愿互利为原则，通过推动平等协商、共建共议和签订协议等方式建立具有法律效益的组织，对各参与主体形成有效的行为约束并保护各方利益。例如，思必驰科技股份有限公司牵头组建的人工智能语言计算创新联合体通过签订协议明确分工：上海交通大学、中国科学院自动化研究所苏州研究院、苏州思萃融合基建技术研究所有限公司等高校及科研机构着力于研究共性关键基础技术和前瞻算法；雅迪科技集团有限公司、苏州麦迪斯顿医疗科技股份有限公司、苏州银行等产业公司及行业应用企业重点开展面向垂直场景的应用交互创新实践，打造应用示范；苏州工业园区人工智能产业协会等行业协会则重点协调产业资源和场景应用资源，开展组织管理和成员服务支持。由江苏苏博特新材料股份有限公司牵头组建的超高性能混凝土产业创新联合体通过签订协议明确分工：江苏苏博特新材料股份有限公司负责统筹运营，提炼工程需求，提出攻关任务；高校主要协助破解科技问题；中小企业提出发展需求，参加联合攻关及市场合作。

2. 聚焦战略需求

江苏坚持面向世界前沿领域、数字经济和绿色经济等国家重大战略需求，紧密围绕江苏主导的优势产业及未来产业布局开展创新联合体建设，最终实现江苏乃至国家的高水平技术创新和科技自立自强。例如，由法尔胜泓昇集团有限公司牵头，江阴兴澄合金材料有限公司、江阴金属材料创新研究院有限公司、东南大学等产业链上下游8家单位参与的创新联合体针对江苏金属线材制品产业存在的关键核心技术难题进行攻关。

3. 政策体制创新

政府主要发挥宏观调控管理和政策引导协调的作用，支持创新联合体在人才培养和人才吸引机制、运行管理机制、绩效激励机制、科技成果转化机制等方面进行改革创新，出台集成政策"大礼包"，在重大技术攻关、大企业孵化器、产业基金、应用场景示范等方面开展试点支持。例如，苏州市探索联动企业引进重大创新团队，根据龙头企业新赛道布局需要给予举荐权，最高支持5000万元；对创新联合体的"揭榜挂帅"重大攻关项目，按最高1∶1的比例给予最高1000万元支持等。

4. 催生"化合反应"

苏州市根据不同发展定位，布局生态融合型、市场驱动型、战略引领型、平台赋能型四类创新联合体，其共同的建设思路是打造"四梁八柱"的主体结构。"四梁"即创新链、产业链、资金链和人才链，通过创新联合体实现四链融合；"八柱"为核心要素，即一个产业细分领域、一个关键技术攻关方向、一批预期创新产品、一个牵头龙头企业、一个研发平台、一个大企业孵化器、一个博士后工作站、一个投资基金。这样清晰的架构可以保障上下游企业、高校、科研院所等优势创新资源更好地联合开展技术攻关，打造从基础研究、试验验证、成果转化到应用研究的产业链生态圈。

5.2.5 江西省

组建科技创新联合体，是江西围绕产业链布局创新链，打造高效协同体系的重要行动。江西省聚焦航空、电子信息、装备制造、中医药、新能源、新材料6大优势产业及其进一步延伸的14个产业链，分期分批组建了24个科技创新联合体。联合体由江西省最具优势的龙头企业或科研院所牵头，聚集了省内重点企业、省内外研发力量、知名院士专家等高端人才。具体运行中，先由牵头单位梳理出产业链的各个重要环节，挖掘出产业链各环节存在的共性关键技术问题，再针对问题凝练出研究方向，选择好联合攻关团队，最终疏通产业堵点，增强发展动能。截至2022年8月，江西省24个科技创新联合体共有成员单位642个（含一个单位参与多个联合体），共吸引了460位专家参与，其中院士58人。可以看出，科技创新联合体成了产业链相关优势科技力量的"整合者"，政产学研用金融合发展的"先行者"。

1. 梳理问题清单，变"无处下手"为"有的放矢"

以"国家所需、江西所能、未来所向"为导向，江西省各科技创新联合体围绕产业链发展现状如何、科技创新联合体与产业链的关系、科技创新联合体如何通过技术创新促进产业发展、科技创新联合体如何构建对产业的技术支撑体系、科技创新联合体如何构建产业促进体系5个核心问题，梳理成员单位国内对标企业清单、省内外优势研发团队清单、产业链各环节关键技术清单、江西在产业链各环节存在的问题清单4项清单，并进一步明确研发方向、相应的技术支撑单位及产业促进单位。截至2022年12月，江西省各科技创新联合体聚焦重点产业链，根据产业链上中下游的重点环节，共梳理问题清单300余项。针对梳理出来的关键技术问题清单，江西省科技厅以"揭榜挂帅"、直接委托的方式，进行单点突破、协同攻关，各个击破，逐一销号。例如，铜产业科技创新联合体梳理出铜精深加工领域及铜产业链上中下游相关领域需联合攻关的技术需求10余项，已联合中国科学院、江西省科学院等科研院所，启动"高性能铜合金材料研发及关键制备技术"等首批重点联合攻关项目4项。

2. 激活各类创新要素，变"单打独斗"为"握指成拳"

科技创新联合体建立后如何落地发力？江西有目标性、有导向性地围绕联合体全产业链布局项目、人才、平台等科技创新资源。以省内产业链上中下游企业为核心的产业队伍，是科技创新联合体的"出题者"；以省内外专家为核心的专家队伍，是科技创新联合体的"评题者"；以省内外高校、科研院所为核心的支撑队伍，是科技创新联合体的"解题者"。江西着力完善科技创新联合体"三支队伍"建设，以重大科技攻关项目为纽带，积极探索协同机制，将这三股力量拧成一股绳，推动科技创新联合体有效运行。例如，在发光材料产业科技创新联合体的组织下，南昌大学、江西兆驰半导体有限公司、晶能光电股份有限公司、江西乾照光电有限公司、华东交通大学、江西科技师范大学紧密携手、各展所长、协同发力，开展高均匀性、高光效、低成本红绿蓝次毫米发光二极管（mini light emitting diode，Mini LED）芯片关键技术研发。项目成果转化实现产业化后，可填补省内技术空白，对全省电子信息产业发展具有显著的促进作用。

3. 推动重大科技成果转化，变"漫无目标"为"精准研发"

为充分发挥产业链科技创新联合体的桥梁作用，实现科技与产业之间破壁融合，江西大力倡导"产业界出题、科技界答题"，一方面积极推动科技创新联合体重大科学研究源于产业一线，另一方面引导重大科技成果应用于产业一线，优先在各产业链科技创新联合体成员单位中实现内部转化。例如，在稀土产业科技创新联合体中，中国科学院赣江创新研究院与虔东稀土集团股份有限公司联合开展"新型钇分离萃取剂工业化合成及应用验证"项目，致力于彻底解决目前钇分离面临的难题，为稀土分离企业提供合成简单、降本增效、适于大规模生产的钇分离工艺，从而极大地促进稀土分离行业的技术转型升级。食品产业科技创新联合体以南昌大学食品科学与资源挖掘全国重点实验室为依托，目前已向产业链内的江西江中食疗科技有限公司等企业输出成果 12 项，特别是向江西江中食疗科技有限公司转化的降尿酸益生菌发酵果蔬产品，已实现小批量生产，为高尿酸患者带来福音。

5.2.6 陕西省

1. 积极出台系列指引和支持政策

2021 年 3 月 11 日，陕西省科技厅发布了《陕西省共性技术研发平台建设运行工作指引》，提出"鼓励依托共性技术研发平台，联合产业链上中下游、大中型企业、科研机构形成创新联合体，优势互补，共同承担各类科研项目"。这是陕西省首次在正式文件中鼓励各单位联合组建创新联合体。同日，陕西省科技厅发布了《陕西省创新联合体组建工作指引》，开始在全省范围内部署推进创新联合体的组建工作，对创新联合体的任务目标、组建路径、组建条件做出了明确要求。其中规定创新联合体要以解决制约产业发展的关键核心技术为目标，依托"秦创原"创新驱动平台，召集各类创新主体联合攻关产业关键核心技术；创新联合体成员单位一般不少于 10 个，由行业龙头骨干企业牵头，各成员单位分工合作，形成"核心层＋紧密合作层＋一般协作层"相互协作；牵头企业必须为 1 家或 2 家行业龙头骨干企业，且是陕西省内注册的独立法人企业，具备一定的行业影响力和前瞻性，成员单位应与牵头企业在技术研发、成果转化等方面具备合作基础和合作意愿，能够与其他团队成员有效互补。2021年9月，西安市科技局发布了《西安市推进秦创原创新驱动平台建设实施方案（2021～2023年）》，提出要抓平台联动优链，支持优势产业龙头企业主导，产业链上下游企业参与，联合高校院所等创新主体协同组建创新联合体。同年11月，西安市科技局发布了《西安市创新联合体组建及管理办法（试行）》，进一步明确了创新联合体应具备牵头单位、成员单位、组建协议、首席科学家四个条件，对牵头单位提出了更高要求，规定其应为在西安市注册登记的省市产业链龙头骨干企业，重点支持市级重点产业链"链主"企业。

2. 布局优势产业，数量稳步增长

从2021年开始，陕西省立足于本省在能源化工、装备制造、新材料、光子、种业工程等产业上的主导优势，由陕西榆林能源集团有限公司、陕西汽车控股集团有限公司、西北有色金属研究院、中电科西北集团有限公司、陕西省种业集团有限责任公司等省内行业龙头企业牵头组建创新联合体。以机床工具产业链为例，陕西省在上下游都具有显著竞争优势。为进一步"补链强链"，龙头企业秦川机床工具集团股份公司牵头，联合宝鸡机床集团有限公司等12家企业、西安交通大学等3所高校，组建了陕西省高档数控机床创新联合体，实施"两链融合"高端机床重点专项。同时，地市层面也积极开展创新联合体工作。2021年，西安市在自动认定省级创新联合体为西安市名录的基础上，由陕西空天动力研究院有限公司、西安中星测控有限公司、西安铂力特增材技术股份有限公司、上海商汤智能科技开发有限公司等单位牵头，首批批准组建了9个市级创新联合体，动员83家成员单位参与。2022年分三批陆续批准组建了22个创新联合体，动员277个成员单位参与；2023年批准组建18个创新联合体，动员214个成员单位参与。截至2023年，西安市共组建了智能语音、智能视觉、兵器工业、口腔医疗、增材制造、新能源汽车等49个市级创新联合体，总计动员574个成员单位参与。

3. 初步形成政策衔接协同机制

陕西省通过创新联合体指引政策与支持政策相结合的方式，初步形成

了多部门协同、自上而下支持创新联合体建设运营的政策框架和运作机制。①将省内重大科技计划项目定向委托创新联合体承接。②支持创新联合体内形成稳定合作关系的单位，组建或参与建设省级共性技术研发平台、工程技术研究中心等创新平台。③鼓励创新联合体培育构建自主知识产权体系，参与相关技术标准的制订或修订工作，形成关键技术自主创新"核心圈"。④鼓励社会资本利用股权投资、项目投资等多种形式参建创新联合体；对创新联合体内部产生的创新创业载体，优先认定为省级众创空间、孵化器，享受相应支持政策；鼓励省科技成果转化引导基金等创投基金支持创新联合体开展科技成果转化。⑤在创新联合体内，试点开展科技成果转化、人才活力激发、体制机制创新，着力破解产学研融合中遇到的各种障碍。

5.3　国内知名创新联合体组建发展情况

5.3.1　上海集成电路材料创新联合体

为进一步推动集成电路材料技术创新与产业发展，加快突破关键核心技术，构建可持续发展的产业生态体系，上海集成电路材料研究院牵头组织成立集成电路材料创新联合体。

集成电路材料创新联合体的定位：聚焦集成电路材料研发与产业化工作。主要围绕硅片制造与晶圆制造材料，并适当外延至集成电路材料研发所需的相关工艺装备、零部件、易耗品以及材料表征设备、仪器等，通过创新联合体内紧密配合，开展共同研发、技术成果转化、国际国内交流等合作，积极推动集成电路材料生态链发展。集成电路材料创新联合体立足上海，逐步辐射长三角区域，服务全国产业（图5-3）。

集成电路材料创新联合体的目标：发挥企业出题者作用，推进集成电路材料重点项目协同和研发活动一体化，构建龙头企业牵头、高校院所支撑、各创新主体相互协同的创新联合体，发展高效强大的共性技术供给体系，提高科技成果转移转化成效。以创新链支撑供应链与产业链，经过10～15年发展，到2035年，逐步形成中国集成电路材料长期可持续发展的产业生态体系（图 5-4）。

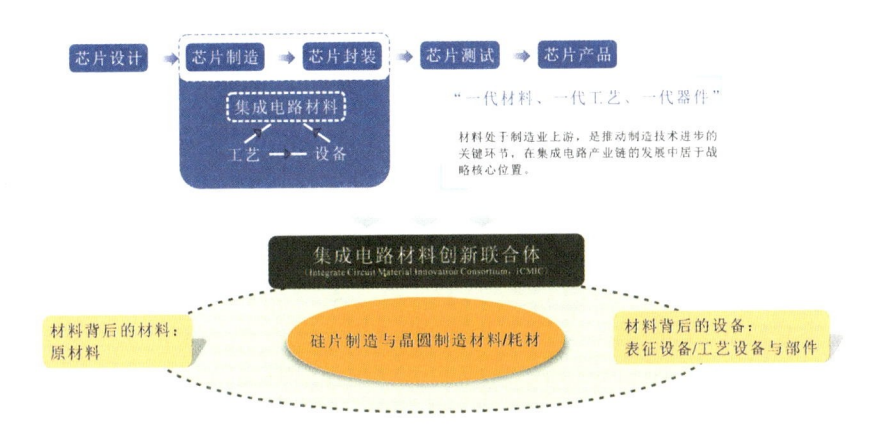

图 5-3　集成电路材料创新联合体的定位

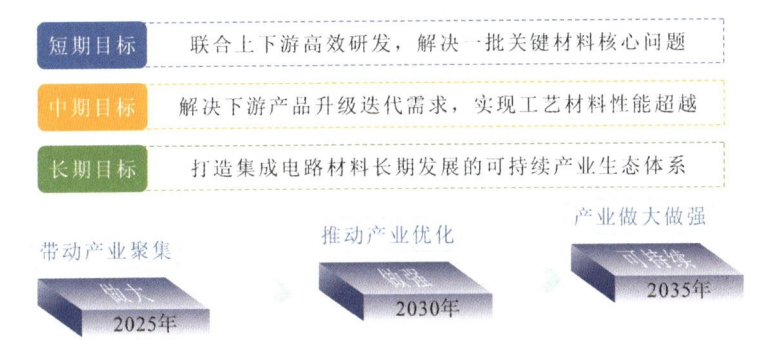

图 5-4　集成电路材料创新联合体的目标

集成电路材料创新联合体的主要任务：①开展技术联合攻关，组织协调重大研发项目；②推动产学研用合作，加快科技成果转移转化；③发布技术路线图、产业标准，引领前沿发展；④组织国际国内技术研讨会，加强产业交流互通；⑤深化产教融合，促进集成电路材料人才培育；⑥探索科技创新组织新形态，"创新合伙人"新模式（图 5-5）。

图 5-5 集成电路材料创新联合体的主要任务

开展技术联合攻关
- 关键共性技术难题
  衬底材料、工艺材料、封装材料、配套材料
- 公共技术服务平台
  材料应用研发平台、成果转化中心、与企业共建联合实验室、培训中心等

加快科技成果转化
- 推动技术共享与转移
  推动创新联合体内部技术互通交流,加速研发成果落地
- 探索科技成果转化体制机制创新改革
  灵活探究产业需求的科技成果转化方式,激发材料人才创新活力

探索科技创新组织新形态
- "创新合伙人"模式
  与创业团队共同理解长远发展诉求,共同成长
- 倡导共赢发展,引导可持续合作
  倡导创新联合体内、产业界的公平竞争、契约精神、拒绝零和博弈;有序引导各类资本参与项目建设,保障产业可持续发展

发布技术发展路线图、产业标准
- 技术发展路线图
  梳理业内创新技术,国内外集成电路材料产业发展情况、战略等,每年形成白皮书、路线图等
- 产业标准制定
  积极参与国际、国内的集成电路材料板块内标准制定工作,提供技术标准支持

集成电路材料人才培育
- 引进高层次国际人才
  通过各类渠道引入高层次人才
- 培养一批青年人才
  考虑建设人才基地,开展集成电路材料培训

加强产业交流互通
- 组织产业供需对接会
  以需求企业为主导,组织行业供需对接会
- 组织技术研讨会
  组织技术创新交流活动,共享业内技术新变化

聚焦研发,降低产业综合研发成本,提高科技成果转移转化效率

5.3.2 北京生物种业创新联合体

北京生物种业创新联合体由北京首农食品集团有限公司牵头,联合北京市平谷区人民政府、中国农业大学、北京市农林科学院、北京科技大学、北京农学院、北京中智生物农业国际研究院、中关村国科现代农业产业科技创新研究院、中信农业科技股份有限公司、袁隆平农业高科技股份有限公司、华智生物技术有限公司、北京大伟嘉生物技术股份有限公司和北京市奶业协会共同组建。

组建目标包括:①广泛联合国内外高等院校、科研院所和创新型企业的科研力量,瞄准国际前沿和我国生物种业产业需求,组建全球一流的,以畜禽种业为优势、兼顾作物和微生物种业的创新团队。②承担国家和北京市生物种业重大科研任务,开展生物育种联合攻关;北京首农食品集团有限公司作为创新联合体主要发起单位,通过设立生物种业创新专项基金,采取"揭榜挂帅"等形式,支持创新联合体内的研发团队开展生物种业关键技术攻关、新品种(配套系)创制和提升等创新活动,加速成果产出和产业化考核。③加强生物育种技术、大数据育种技术等关键共性技术创新,培育一大批生产性能领先、市场占有率高的优良品种,全面提升生物种业创新水平,以北京市平谷区作为核心基地,共同推进平谷区农业科技创新示范区、现代农业(畜禽种业)产业园和平谷国家农业科技园区建设。

④构建高标准畜禽种质资源基因库及畜禽育种数据分析平台，集中保护各品种种质资源，实现育种全流程数据采集、存储、分析、应用的贯穿，为畜禽种业科研及产业提供大数据保障与技术支撑。

北京生物种业创新联合体先行先试探索"揭榜挂帅"的实践路径，2021 年北京首农食品集团有限公司出资 1 亿元在北京市平谷区注册成立创新联合体的承载实体，用于设立探索课题，实施"揭榜挂帅"等课题委托模式，集中力量攻克一批生物种业关键核心技术，打造生物种业国家战略科技力量。目前，已启动的 7 个项目榜单涵盖猪、牛、鸡、鸭等畜禽育种和青贮玉米、高端小麦等作物育种领域，涉及基础研究和应用研究。项目周期 3～5 年，资金总额约 2 亿元，近 20 个团队、超过 130 人参与项目攻关。

5.3.3　3C 智能制造创新联合体

3C 智能制造创新联合体于 2022 年 7 月成立，是在科技部和全国工商业联合会指导、北京市政府的支持下，由小米科技有限责任公司牵头，联合高校、科研院所及产业链上下游企业共同组建的国家级创新联合体。作为全国首个由民营企业牵头组建的创新联合体，3C 智能制造创新联合体通过向行业赋能、产业输出，促进大中小企业、产学研力量融通创新，发挥民营科技领军企业在国家技术创新体系中的骨干作用。

3C 智能制造创新联合体的成员单位包括清华大学、北京航空航天大学、北京理工大学、华中科技大学、天津大学、西安交通大学、中国科学院软件研究所、机械工业仪器仪表综合技术经济研究所等高校与科研院所，以及智能装备与机器人和智能工厂领域的领先企业。

3C 智能制造创新联合体立足制造本质，以工艺、装备为核心，以数据为基础，跨学科、跨领域融合创新，系统化突破关键核心技术和系统集成技术，向"数字化转型、网络化协同、智能化变革"方向发展。

截至 2023 年 7 月的创新联合体成果汇报会，3C 智能制造创新联合体围绕满足 3C 智能制造行业良率好、换线快、可靠性高、生产柔性高的行业共性需求，积极承担国家和北京的重大攻关任务，攻克了 20 余项关键核心技术，形成了 159 类智能制造新装备、9 个智能制造软件应用的数智系统。在先进工艺方面，突破高精密组装等 8 项关键技术；在机器人与高端装备方面，突破基于数字孪生的云端实时动态调优技术等 5 项关键技术；在工业软件方面，突破容器化的低代码云服务开发引擎等 10 项关键技术。同时，3C 智能制造创新联合体统筹开展有组织科研，探索企业主导的产学研深度融合机制，建立健全了决策运行、资金筹措、协同攻关、责任落实、知识产权管理、开放创新合作、利益分配 7 项工作机制，在生态构建方面建立 1+*N*+*X* 模式，打造核心技术平台，以场景解决方案赋能行业发展。在工艺创新方面，创新精密组装技术和视觉检测系统，实现 10 项核心管控参数，同时导入业内首创的检测装备，实现 7 项专利储备，有效地提升了材料的可用性，推动智能制造工艺数字化、知识化、模型化创新。在装备创新方面，联合研发创新高精度屏幕组装装备、自动光学检测（automated optical inspection，AOI）装备和同轴线组装等智能制造装备，重复定位精度、组屏精度及漏检率、过检率均远超行业水平，实现了智能制造装备的高柔性、低成本、高复用等创新。在制造软件系统创新方面，实现了智能制造软件系统全要素、全链路、全场景的数字化和智能化创新。完整覆盖工厂生产、管理和运营的核心活动，保障流程无断点，打造业务闭环。在数智创新方面，通过数据贯通"工艺 - 装备 - 系统"打造数据原生工厂，实现数字化、网络化、智能化一体化融合发展。

5.3.4　江苏省高性能金属线材制品产业技术创新联合体

江苏省高性能金属线材制品产业技术创新联合是由法尔胜泓昇集团有限公司牵头，基于江苏省高性能金属线材制品产业技术创新战略联盟已有工作，联合江阴兴澄合金材料有限公司、江阴金属材料创新研究院有限公司、东南大学等 8 家产业链上下游企业、科研院所、高校共同组建的以企业为主体、市场为导向、产学研相结合的创新型组织。

江苏省高性能金属线材制品产业技术创新联合体瞄准金属线材制品产业国际先进水平，面向江苏省金属线材制品产业目前存在的诸多发展瓶颈问题，组织联合体企业、高校和科研机构围绕金属线材制品产业发展战略研究、应用基础研究、关键技术攻关、系列新产品与新工艺开发、关键装备研制、成果产业化、人才培养和关键产业技术标准化等方面开展工作，提升江苏省金属线材制品产业的自主创新能力和持续发展能力，并有效解决当前产业发展所面临的环保问题严重、能耗高和工人劳动强度大等重大制约，推动江苏省实现由金属线材制品大省向金属线材制品强省的转变，进一步加强江苏省金属线材制品产业在国际上的话语权。

5.3.5 苏州市高功率半导体激光创新联合体

苏州市高功率半导体激光创新联合体由苏州长光华芯光电技术股份有限公司牵头，联合中国科学院苏州生物医学工程技术研究所、材料科学姑苏实验室、苏州创鑫激光科技有限公司、东南大学苏州研究院、浙江大学苏州工业技术研究院、苏州英谷激光科技股份有限公司、苏州德龙激光股份有限公司、江苏南大光电材料股份有限公司、苏州高新集成电路产业发展有限公司、苏州高新科创天使创业投资管理有限公司、北京商专润文专利代理事务所（普通合伙）苏州分所11家单位共同组建。

该创新联合体除了引进研究型大学、重点平台、领军企业等高能级科技力量，还引入产业园区和基金等优势资源，为联合创新的成果转化提供载体和资本支撑，构建集技术攻关、成果转化、企业孵化、产业培育于一体的生态闭环，实现"空间上集聚，创新上集成，产业上协同"。

该创新联合体重点解决制约高功率半导体激光芯片产业发展的核心关键技术难题，将龙头企业、高校、科研院所、产业链上下游组织到一起，将创新要素与产业链、市场端深度融合，围绕高功率半导体激光芯片及模块来进一步打造产业集群，构建创新协同、供应链互通的新一代中国激光国产化产业生态链，全力推动我国高能激光领域科技创新，形成了一个"产业集群＋技术集群＋科技服务＋金融"的联盟，成员单位之间互相补位、共同成长。

在该创新联合体的推动下，长光华芯光电技术股份有限公司成功把35W高功率半导体激光芯片送到生产线，实现批量生产；首次推出最大功率超过66W的单管芯片，工作效率超过63%，是迄今已知报道的条宽在400μm以下高功率激光芯片的最高水平。

5.3.6　江西省铜产业科技创新联合体

铜产业是江西省的传统优势产业，江西省的铜精矿产量、电解铜产量、铜材产量均位居全国第一。2022年1月，江西省铜产业科技创新联合体（以下简称"铜联合体"）正式揭牌成立，是江西省筹建的第一个科技创新联合体。成立以来，铜联合体围绕江西省铜产业发展的重大技术需求，针对构建现代化、高级化铜产业链的关键共性问题，把铜产业内科技创新力量有效汇聚起来，集中力量进行专项协同攻关，推动创新资源开放共享和科技创新合作联动，协力突破技术瓶颈制约，服务省铜产业转型升级和创新发展。

铜联合体由江西铜业集团有限公司牵头，联合中南大学、江西理工大学、江西省科学院等37家成员单位共同组建，其中铜企业23家（基本涵盖了江西省铜产业领域的龙头企业）、高校4家、科研院所9家、期刊平台1家。铜联合体专家咨询委员会目前有包括干勇和黄崇祺两位院士在内的行业专家56位。

铜联合体成员单位发挥各自资源和技术优势，共同申报、承担省级以及国家重大课题，聚焦高性能铜合金、高端铜基复合新材料、再生铜新材料及智能制造等技术领域开展产业链关键技术攻关，取得了积极成效。"高性能Cu-Cr-Zr系合金非真空熔铸及高精带材制备关键技术开发"等3个项目列入江西省科技厅2022年"揭榜挂帅"项目榜单；"新能源汽车扁线用高性能高纯无氧铜杆研究与开发"列入2022年中央引导地方科技发展资金项目榜单；"新型高端引线框架用Cu-Ni-Si合金理论、制备关键技术及应用性能研究"列入江西省科技厅2022年协同攻关项目榜单。

5.3.7　河北省氢能产业创新联合体

河北省张家口可再生能源示范区是全国唯一一个由国务院批复设立的可再生能源示范区。截至2023年6月，氢源基地初具规模，投产制氢项目7个，产能达到22吨/天；培育引进氢能产业链企业22家，其中亿华通动力科技有限公司年产万台燃料电池发动机项目建成投产，氢燃料电池汽车整车制造项目稳步推进，加快推动氢能产业全链条发展典型经验获国务院办公厅通报表扬。

为推动张家口乃至河北省产业转型升级，促进京津冀氢能产业链上下游企业的合作，在京津冀三地科技部门指导下，河北省氢能产业创新联合体于 2023 年 6 月 30 日在张家口市正式揭牌成立。河北省氢能产业创新联合体由张家口市牵头，亿华通动力科技有限公司作为理事长单位，联合河钢集团有限公司、未势能源科技有限公司、河北建设投资集团有限责任公司、上海神力科技有限公司、北京天海工业有限公司、天津市大陆制氢设备有限公司等京津冀三地氢能领域骨干企业，清华大学、中国船舶集团有限公司第七一八研究所、河北科技大学等高校和科研机构共 54 家单位组建。成员单位覆盖氢能产业全链，包括氢能生产、氢能储运、氢能应用环节（燃料电池企业、整车企业、分布式热电联供企业和钢铁生产等）、技术创新主体（研究机构、高等院校）、氢能产品用户及金融支持环境（投资公司）等。

河北省氢能产业创新联合体的主要任务是推进氢能领域关键技术创新、加快科技成果转化、开展产业链上下游产品应用验证、共同培育壮大市场规模、推动区域经济高质量发展。根据规划，河北省氢能产业创新联合体拟用 3～5 年时间，围绕氢制备、储运、供能、动力、原料五大方向，聚焦 10 项集成系统，研发 33 类核心装备，突破近百项关键技术，转化一批科技成果，大力推动氢能产业自主创新能力跨越式提升。

5.3.8　西浦 - 百度人工智能创新联合体

西浦 - 百度人工智能创新联合体是国内首个打通人工智能芯片、深度学习框架、算法模型与应用场景的综合性前沿创新联合体。该创新联合体由苏州工业园区管理委员会、西交利物浦大学和百度集团股份有限公司联合共建，贯通校地企、赋能产学研。西浦 - 百度人工智能创新联合体的治理结构如图 5-6 所示。

该创新联合体旨在构建"教育、科技、人才"三位一体的创新生态平台，并明确三大板块：①设立西交利物浦大学 - 飞桨人工智能产业学院，培养高层次、复合型人工智能人才；②建立百度智能云千帆大模型平台（苏州）创新中心，聚焦云智能核心技术研究，进一步为人工智能与产业的深度融合提供有力支撑；③成立百度智能云数智能碳（苏州）赋能中心，结合苏州市、苏州工业园区的重点高价值产业发展方向，聚焦数智能碳、生物医药和智慧城市三大领域，为相关行业提供智能化解决方案和服务，高效助力产业结构优化，实现极为广泛的、可量化的生态收益。

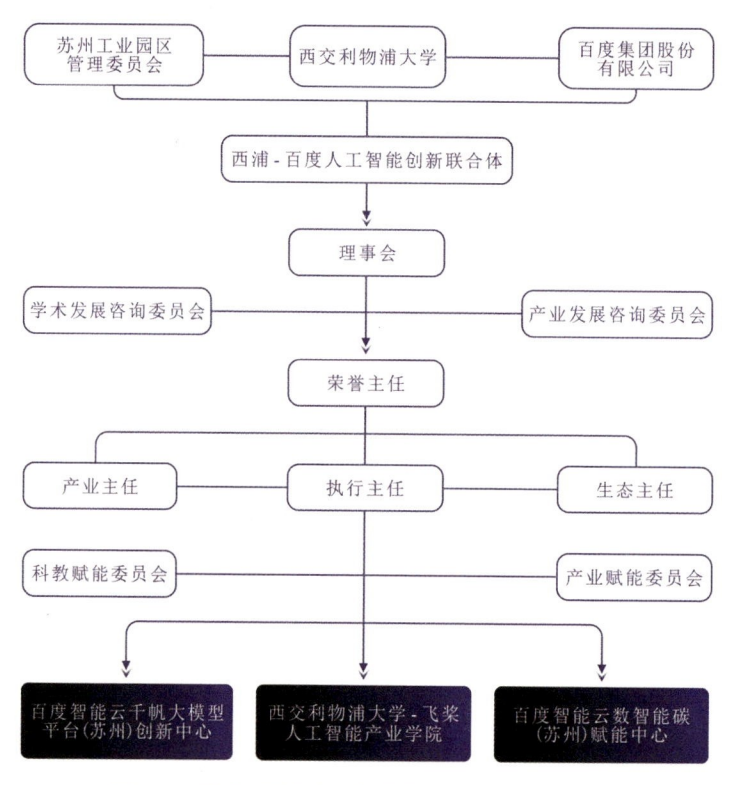

图 5-6　西浦-百度人工智能创新联合体治理结构

该创新联合体还通过搭建覆盖资本、智库、知识产权、技术经纪、数据情报、法律服务等内容的"全要素服务平台"实现社-产-教-研创新协同，积极构建与产业联盟的合作机制，辅以广泛的国际合作平台与经验，实现教育-人才-科技"三位一体"，营造新生态、构建新模式、开创新实践（图 5-7）。

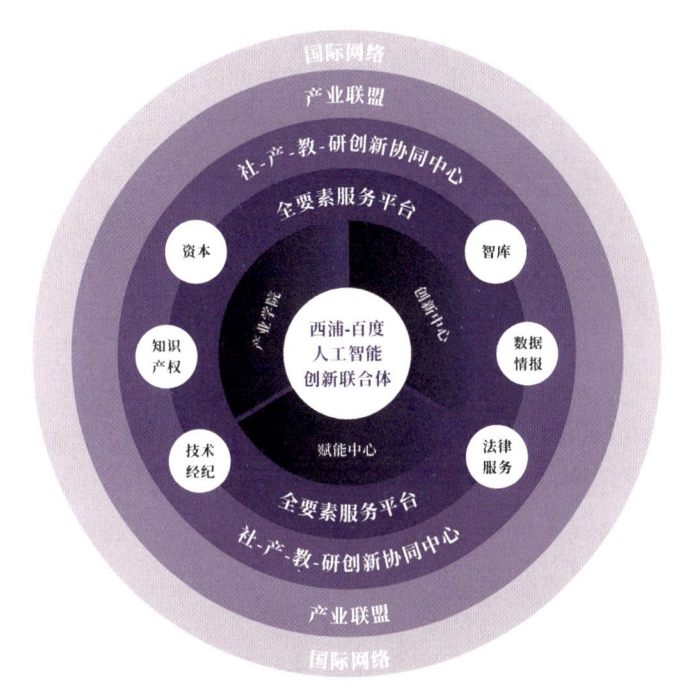

图 5-7　西浦 - 百度人工智能创新联合体生态蓝图

5.4　国内创新联合体组建及发展的共性特点

本节通过梳理分析浙江、北京、上海、江西 4 个省市有关创新联合体建设的政策文件，从功能定位、组建条件、目标导向、运行机制和支持措施 5 个方面总结国内部分省市创新联合体实践的共性特点。

5.4.1　功能定位：以突破产业关键共性技术为目标的协同创新组织

通过梳理 4 个省市的创新联合体组建方案，发现虽然各地对创新联合体的定义不尽相同，但其内涵界定趋向一致。在功能定位方面，强调创新联合体组建以突破制约产业发展的关键核心技术为目标，是一种具有明确目标的任务型组织模式。在组织方式上，强调由领军企业牵头组建，同时有效整合产业链上下游"政产学研金服用"等各类资源，是一种体系化的组织方式。在主体协同方面，强调各类创新要素的有效集聚和优化配置，是一种多主体协同的利益共同体。如江苏省科技厅发布的《关于组织开展 2022 年江苏省创新联合体备案试点工作的通知》明确提出"加快构建以企业为主体、市场为导向、产学研相结合的技术创新体系，引导创新型领军企业牵头整合产业链上下游资源，共同组建体系化、任务型的创新合作组织和利益共同体，着力突破制约产业发展的关键核心技术，努力提升我省企业和产业核心竞争力。"浙江省科技厅发布的《关于组织开展 2021 年省级创新联合体组建工作的通知》指出，"创新联合体是充分发挥政府作为创新组织者的引导推动作用和企业作为技术创新的主体地位和主导作用，以关键核心技术攻关重大任务为牵引，由创新能力突出的优势企业牵头，政府部门紧密参与，将产业链上下游优势企业、科研机构和高等院校有效组织起来协同攻关的任务型、体系化的创新组织。"

5.4.2 组建条件：行业领军企业牵头组建

地方在组建创新联合体实践中，紧紧抓住领军企业牵头这一关键组织特性，充分发挥了企业在发现创新机遇、识别和降低创新风险、利用市场机制整合各类创新主体资源、协调创新主体行动的优势。5.2 节所述的 6 省市均在组建条件中设定了创新联合体牵头单位应具备的基本条件。如陕西省要求牵头单位是陕西省内注册的独立法人企业，能够聚集产业链上下游企业、高校和科研院所等创新资源，在国内具备一定的行业影响力，建有省级以上重点实验室、工程技术研究中心等科技创新平台；有足够的前沿技术识别能力和较强的辐射带动作用，能够发现并抓住产业变革中的创新机会，支撑和引领产业发展。综合各省（区、市）设定的创新联合体组建条件来看，独立法人资格、创新组织能力、聚集高水平研发人才队伍能力以及科技创新核心平台建设能力是创新联合体牵头单位必须具备的核心条件。此外，江西、安徽和陕西对创新联合体的成员单位在资格要求、合作意愿和实力特点等方面也做了规定。

创新联合体的组织框架如图 5-8 所示。

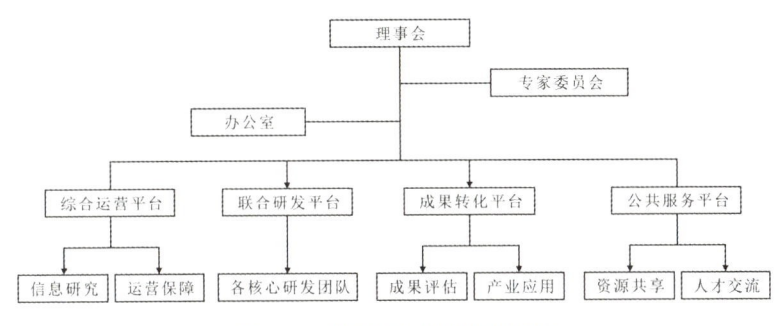

图 5-8　创新联合体的组织框架

5.4.3　目标导向：强化任务导向

创新联合体组织实施的关键在于明确任务导向和建立体系化运行机制，以明确的攻关任务为目标，任务来源主要是国家级和省级的重大科技计划项目。如江苏提出通过"揭榜挂帅"等多种形式申请承担国家级和省级重大科技计划项目。安徽提出围绕新一代信息技术、人工智能、新材料等十大新兴产业关键核心技术，以及量子信息、未来能源、生物育种等事关发展全局和长远需求的基础核心领域，由省科技厅统筹部署适合通过创新联合体方式开展的科技攻关重点领域和方向。

5.4.4　运行机制：优势互补、分工明确

1. 建章立制

创新联合体涉及多个主体，成员单位间通过签署合作协议、建立股权关系等多种方式，明确协作机制，协调不同层次的利益关系（图 5-9）。北京、上海、浙江、江苏等省（区、市）先后在责任落实、协同攻关、决策运行、资金筹措、知识产权管理、开放创新合作、利益分配等方面建立相关制度，加速创新成果应用迭代，提升创新效率。

2. 签订协议

创新联合体组建协议是一份对创新联合体成员单位具有约束性的契约，也是推进创新联合体成员单位间有效合作的基本保障。因此，协议具体内容应明确技术创新目标、任务分工、各成员单位的责任和权利与义务、

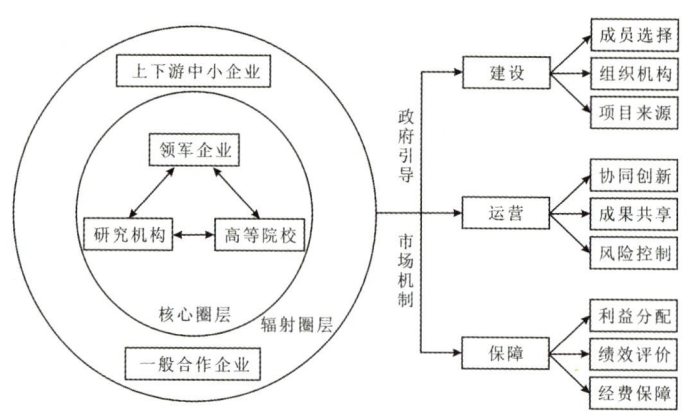

图 5-9　创新联合体的体系化机制

科技成果和知识产权归属、技术开发成本承担，以及技术转让、许可、咨询和服务所产生的收益分配办法，约定违约责任追究方式及争议解决方式，明确创新联合体解散时各成员单位的权责分配，保障成员的合法权益，形成定位清晰、优势互补、分工明确的协同创新机制。

创新联合体组建协议的内容框架如图 5-10 所示。

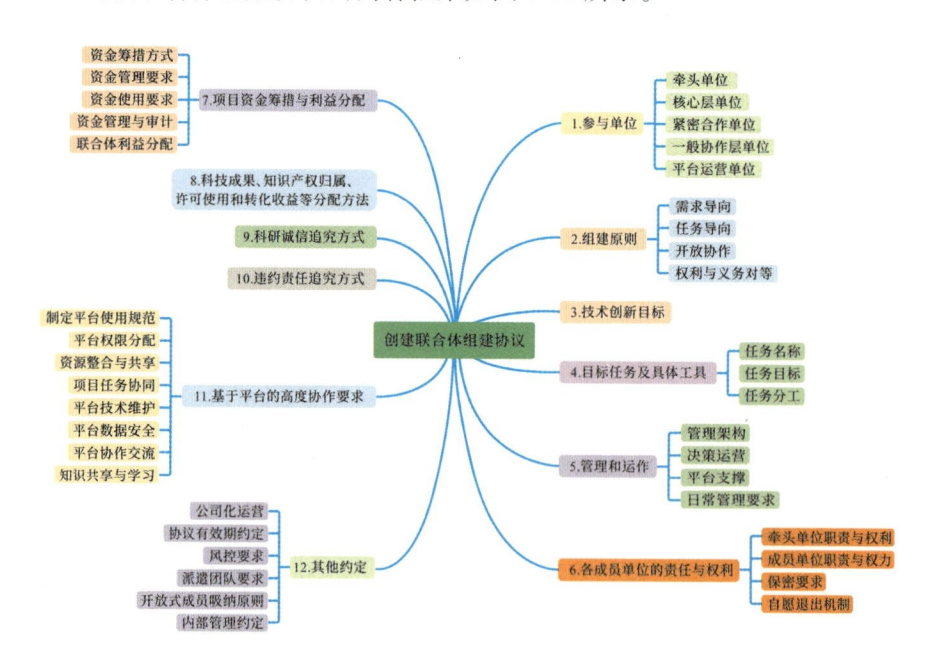

图 5-10　创新联合体组建协议的内容框架

5.4.5 支持措施：政府提供多元化政策支持

为促进创新联合体组建，充分发挥联合体机制作用，加快产业关键核心技术攻关，地方政府制定了包含项目、资金、平台、人才等在内的多元化支持政策。①提供项目支持。浙江在省级科技计划中设立专门针对联合体的专项，陕西提出省重大科技项目可定向委托创新联合体承接，江苏优先支持创新联合体申报国家重大科技计划项目。②加强资金支持。山东根据创新联合体建设进度分批拨付不同比例的补助资金；江苏针对创新联合体协同攻关项目和基础研究投入给予资金补助；安徽探索利用会员制、股份制、协议制等方式，多渠道吸引企业、金融和社会资本投入创新联合体建设。③强化平台支持。江苏支持创新联合体内形成稳定合作关系的成员单位，组建或参与建设省重点实验室、技术创新中心、工程技术研究中心、新型研发机构等创新平台。④提供人才支持。浙江选派一批省内外高校、科研院所和科技服务机构等的科技人员，以工业科技特派员身份入驻创新联合体，参与联合体组织管理协调、技术路线选择、攻关方案设计、技术咨询指导等事务，提升攻关效能。

5.5 长三角科技创新共同体建设的实施路径

国家高度重视长三角一体化发展，长三角也始终是全国创新能力最强的区域之一。2020 年科技部发布的《长三角科技创新共同体建设发展规划》把长三角确定为"科技创新共同体"，并明确提出到 2035 年全面建成全球领先的科技创新共同体的发展目标。近五年来，长三角三省一市（江苏省、浙江省、安徽省、上海市）积极响应国家企业创新主体地位、改革科技机制号召，齐心协力推动长三角科技创新共同体建设，取得了系列突破性进展。

5.5.1 共耕制度"试验田"

1. 组建机构

2020年，长三角科技创新共同体建设办公室成立，办公室由科技部和上海市主要领导任主任，三省一市分管领导任副主任；科技部战略规划司与三省一市科技厅（委）建立工作专班季度会商机制，共商共谋重点任务，共商共议难点问题；成立秘书处，三省一市科技厅（委）选派优秀干部在沪集中办公，推动年度计划任务落实落地。推动长三角科技部门党建联建工作，把党的领导贯穿长三角科技创新共同体建设的全过程，设立联合攻关、资源共享、成果转化、国际合作等多个专题组，以"一体化"意识和"一盘棋"思想，引领建设长三角科技创新共同体。

2. "三位一体"联合攻关新突破

2022年8月，科技部与三省一市人民政府联合印发《长三角科技创新共同体联合攻关合作机制》，该文件被推选为2022年度"中国科技资源管理领域十大事件"。2023年4月，三省一市科技厅（委）印发《长三角科技创新共同体联合攻关计划实施办法（试行）》。科技部、三省一市紧密互动，企业出题，共同发榜、共同揭榜、共同支持、共同管理，实现任务联动、资金联合、管理联通"三位一体"。2022～2023年，长三角科技创新共同体联合攻关合作情况如图5-11所示。

2023年，长三角科技创新共同体联合攻关计划在原有"揭榜挂帅"路径上，新增重大创新指南攻关实施路径。三省一

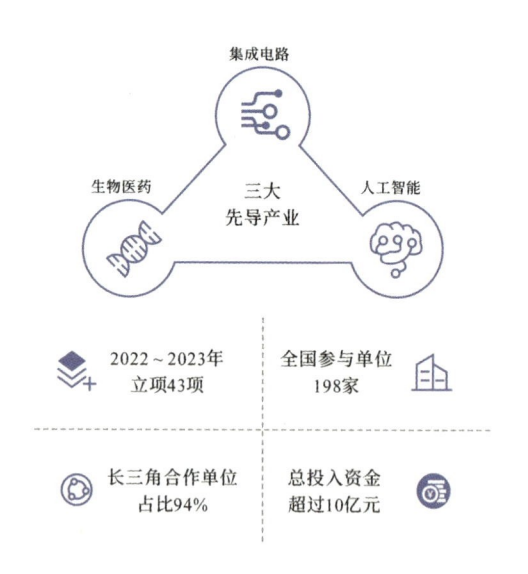

图5-11 长三角科技创新共同体联合攻关合作情况

市科技厅（委）联合对外发布并启动2023年度长三角科技创新共同体联合攻关重大创新项目申报工作，面向集成电路、人工智能、生物医药三大领域，共同布局三大先导产业领域8个方向，引导科技型骨干企业、高校和科研院所，瞄准重大产业技术背后的基础性、关键性原理问题深化产学研合作，推动构建多学科深度交叉融合、长三角多主体紧密合作的机制，探索有组织科研攻关，解决产业应用基础研究的源头和底层问题。

5.5.2 共蓄战略科技"硬实力"

随着科技战略力量协同体系的加速构建，长三角三省一市也积极致力于建设以国家实验室为引领的科技创新平台体系，支持引导已挂牌和即将组建的国家实验室在长三角区域内互设基地，集聚长三角优势科研单位团队，打造创新网络。长三角国家技术创新中心于2021年启动建设，已建成智能传感、数字医疗、先进超声3家专业研究所，孵化10余项产业化项目（图5-12）。

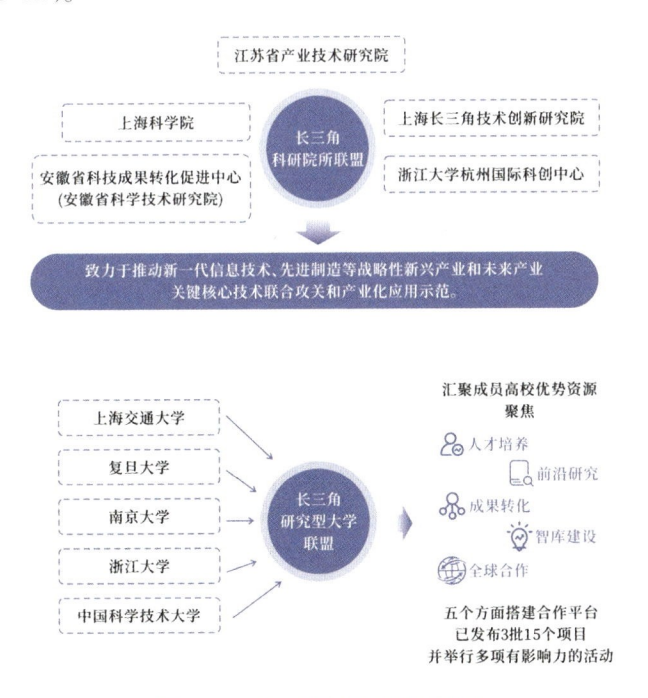

图5-12　长三角科技创新共同体

在此过程中，三省一市有序推进大科学设施群建设，超强超短激光装置、软X射线装置、转化医学设施等一批重大科技基础设施投入试运行，加快建设未来网络试验设施、光源二期线站、聚变堆主机关键系统综合设施等，国家临床医学研究中心建设也初具规模。深时数字地球国际大科学计划取得一定进展，长三角多家单位参与打造地学工作者在线科研平台，实现上线并开展国际测试。

重点产业创新链互惠合作也在不断深化，例如，C919大飞机上的"陶铝型材"来源于上海交通大学，产业化在安徽淮北，已在大飞机、运载火箭上实现装机应用，并创立了首个中国人自己的航空材料牌号，设立上海交通大学安徽陶铝新材料研究院，推动沪皖两地成果、平台、资金和人才的一体化配置。2022年，集萃比较医学研究所（江苏集萃药康生物科技股份有限公司）在科创板首次公开发行股票，成为长三角科学创新共同体内首家上市的研发载体。浙江大学李铁风教授团队联合之江实验室、上海海洋大学等建立适应万米深海压力的智能机器人系统原理与驱控方法，在国际上首次实现了软体机器鱼在马里亚纳海沟10900米海底驱动航行，该成果入选"2021年度中国科学十大进展"。

5.5.3 共营创新生态"活力源"

区域科技资源共享网络持续深化，长三角科技资源共享服务平台自2019年启用以来，截至2023年11月，集聚了大型科学仪器44671台（套）、仪器价值超522亿元。2020年6月，长三角"感存算一体化"超级中试中心成立，整合三省一市中试设备超500台套，价值超55亿元。长三角科技创新券先行先试，在上海、浙江全域和江苏、安徽部分区域互联互通，2021年启动以来，累计申领企业超3000家，申领超2亿元，兑付金额超6700万元。例如，浙江维日托自动化科技有限公司面对汽车空调位置度测量的难题，对接江苏大学，申请了服务内容为"高精度位置度柔性测量技术"的长三角科技创新券服务，最终兑付补贴25.5万元；吴江市华宇净化设备有限公司面对粒子动力学迁移分析仪国产化开发难题，对接东华大学的钟珂教授团队，购买了"粒子动力学迁移分析仪技术开发"的长三角科技创新券服务，最终兑付补贴20万元。

科技成果转化生态日益优化，2022年三省一市相互间技术合同输出25273项，技术交易金额1863.45亿元，同比分别增长20.3%、112.5%。国家科技成果转移转化示范区联盟、长三角科研院所联盟相继成立。共同组织创新挑战赛，跨区域建立企业需求导向的InnoMatch全球技术供需对接平台。区域科技协同治理体系逐步构建，以长三角科技协同治理需求为导向，建设长三角一体化科创云平台，聚焦科研项目管理、科研诚信、研发资源共享、科技协同标准化等领域，加强跨区域数据集成应用与交互对接。

先行区、示范区科创支撑不断加强，2022年长三角G60科创走廊科技成果转化基金设立，首期认缴资金已到位8.1亿元。举办第四届长三角G60科创走廊科技成果拍卖会，年度成交总额超过75亿元。长三角生态绿色一体化发展示范区启动建设跨省域高新技术开发区，一批重大创新政策先行发布，建设长三角生态绿色一体化发展示范区双创孵化示范基地，为长三角科技企业提供"数字经济"领域系统测试等孵化服务，建立"一地认定、三地互认"的示范区外国高端人才和专业人才互认机制，为长三角一体化发展夯实科创与产业支撑。

5.6 长三角科技创新共同体协同创新典型案例

2023年10月，长三角三省一市科技主管部门共同发布10项"长三角科技创新共同体协同创新典型实践案例"（表5-2），集中展示各类创新主体在重大科研基础设施、关键技术攻关、科技成果转化和区域协同等方面的经验做法。

表5-2 长三角科技创新共同体协同创新典型实践案例名单

序号	案例名称	实施单位	应用区域	经验做法
1	发现飞秒激光诱导复杂体系微纳结构新机制	之江实验室	浙江省、上海市、江苏省	跨学科交叉基础研究协同，合力解决面向产业的科学问题

续表

序号	案例名称	实施单位	应用区域	经验做法
2	超算互联网	国家超级计算无锡中心	江苏省、浙江省	跨区域构建超算互联网科研基础设施，助力"东数西算"战略
3	长三角G60科创走廊科技成果转化基金	上海市松江区长三角G60科创走廊创新研究中心	长三角G60科创走廊沿线九城市	科技与金融融合制度创新，构建长三角首支跨区域成果转化基金
4	高速大容量存储器检测公共服务平台	中国电子科技集团公司第五十八研究所	江苏省、安徽省	共建高速大容量存储器检测公共服务平台，提升区域竞争力
5	基于国产化芯片平台的智能座舱系统研究应用	奇瑞汽车股份有限公司	安徽省、江苏省	发挥骨干企业引领示范作用，以创新促汽车产业能级提升
6	沪苏共建高效低碳燃气轮机试验装置	江苏中科能源动力研究中心	江苏省、上海市	共建大功率燃气轮机试验装置，推动先进燃气轮机自主创新
7	冷轧废水生化-物化耦合强化处理技术开发	宝武水务科技有限公司	上海市、江苏省、浙江省、安徽省	联合攻克冷轧废水处理难题，在长三角多个水处理基地实现推广
8	长三角产业协同助力现代设施农业小岗新模式	中国建材国际工程集团有限公司	安徽省、上海市	推动传统农业向现代设施农业转型，打造乡村振兴"小岗样板"
9	一马当先抓服务蹚出一科技成果转化新路子	马鞍山市科技成果转移转化服务中心	安徽省、上海市、江苏省、浙江省	加入长三角科技创新券互通政策试点，赋能区域科技成果转化
10	长三角"感存算一体化"超级中试中心	中电海康集团有限公司	浙江省、上海市、江苏省、安徽省	建设"感存算一体化"超级中试中心，打造长三角物联网产业群

5.6.1 超算互联网

超算互联网是一种以超级计算机和高速互联网为基础的先进计算基础设施，它以高速网络连接起分布在各地的超算中心，聚合多个超算中心的软硬件资源，并通过建设超算资源共享与交易平台，支持算力、数据、软件、应用等资源的共享与交易，同时向用户提供多样化的算力服务。

要让超算互联网在全国各地真正"联"起来，必须进行跨区域协同创新。为此,江苏省和浙江省积极探索、先行先试,由国家超级计算无锡中心与之江实验室合作研发的"超算互联网系统集成与服务平台构建及应用"项目(图5-13),面向未来新型科学计算应用和人工智能应用的大算力需求,构建算力充足、核心应用明确的"一网、一环境、一平台、一体系"(一网:超算互联网,一环境:超算互联网运行支撑环境,一平台:支持超算从单中心提供单纯机时服务向跨中心提供应用装置服务转变的应用平台,一体系:支撑超算互联网及领域数值装置应用的超算互联网标准体系),为国家实验室等大型研究机构提供超大算力支撑的超算互联网科研基础设施,为国家"东数西算"战略提供有益探索和先行示范。

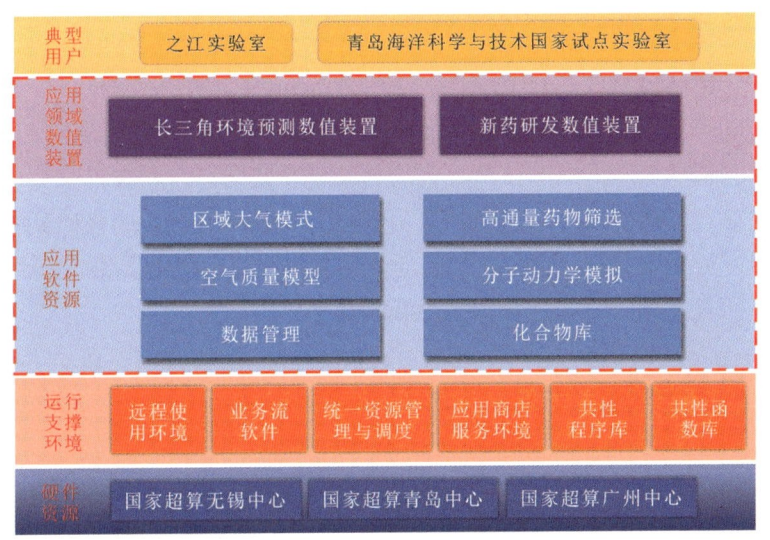

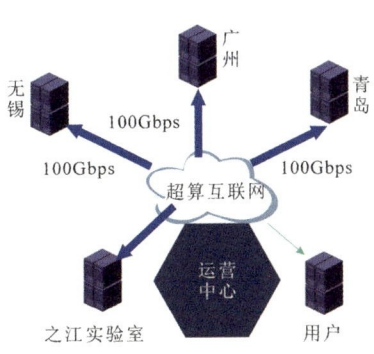

图 5-13　超算互联网运营

超算互联网实现了各超级计算中心的高速互联，聚合计算能力达 1.5EFLOPS，存储 250PB；还拟基于未来网络试验设施（China environment for network innovations，CENI）实现补充性高速互联，进一步保证超算中心间的互联质量。提出了由 5 层和 9 个功能面组成的体系结构，设计实现互联层、平台层、聚合层所涉及的各软件组件，构建了一个领域应用平台原型系统。

国家超级计算无锡中心与之江实验室合作开展多物理复杂体系科学计算应用平台、高性能多尺度生物与材料计算平台、生物和材料领域应用的高性能计算一站式平台三个领域应用平台的研究与构建工作。该项目实现了算力的有效聚合和负载有效分配，缓解了算力和负载不均衡的结构性矛盾，提升了超级计算对国家科技创新及产业发展的推动能力。

关于跨区域构建超算互联网，尽管江苏和浙江做出了积极、有效的尝试，但超算互联网的构建和运营，无论在技术、人才，还是商业模式、产业培育上仍然面临着诸多挑战，需要科技创新共同体不断去攻坚克难，也需要良好的产业创新生态去支撑。由于超算互联网构建于超级计算和高速网络的基础之上，对相关产业生态的依赖非常明显，操作系统、基础软件、并行应用软件的开发与优化等都会影响其构建与运营。

5.6.2 飞秒激光诱导复杂体系微纳结构研究

实施单位：之江实验室。

示范区域：浙江省、上海市、江苏省。

示范意义：跨学科交叉基础研究协同，合力解决面向产业的科学问题。

之江实验室与浙江大学、上海理工大学、江苏大学等长三角优势高校深度联合，研发揭示极端复合物理场诱导复杂物质体系结构演化新机制，为跨学科交叉基础研究协同，合力解决面向产业的科学问题开辟了全新路径，实现了对透明材料体系三维结构的精细操控与设计，为多维大容量数据存储、立体显示、三维光互连及光集成与计算芯片等领域的发展提供重要材料、关键技术及装备支撑。在机制创新上，探索飞秒激光诱导复杂体系微纳结构新机制。在协同创新上，充分发挥"一体两核"优势，合作团队利用之江实验室与浙江大学等单位的体制优势、人才资源优势等，在课题设计、成果分析、应用开发等方面开展全方位交流，为新材料开发与应用开拓全新思路。

5.7 对广西创新联合体组建及发展的借鉴启示

5.7.1 科学凝练任务榜单是组织开展科技攻关的首要任务

浙江省借助数智化手段科学制定任务榜单，聚焦"315"科技创新体系建设工程，组建由链主企业、省实验室、行业主管部门、技术专家等组成的最终用户委员会，依托浙江自主研制开发的关键核心技术攻关在线平台，以"人脑+机脑"绘制产业技术图谱，梳理风险清单、需求清单、项目清单及成果清单，从而凝练出能产出标志性成果的重大攻关任务榜单。北京市的任务榜单有两类：①严重依赖国外企业的底层核心技术，希望通过国内创新主体的研发，实现国内自主可控，保障产业链安全；②针对供应链上的卡点、堵点，由终端产品的领军企业提出需求，从终端产品向上回溯供应链前端，开发关键零部件。

5.7.2 强强联合突破瓶颈是提升科技攻关效率的务实举措

浙江省的实践证明，创新联合体是创新发展的最佳形态，也是科技攻关最好的组织方式。当前，全国各地都在摸索创新联合体的建设模式，探寻创新联合体的运行路径，让这个新的联合攻关组织迅速发挥作用。浙江省找准"怎么联""联合后怎样做"等关键问题，在引导创新联合体特色发展的同时，打响浙江品牌，输出浙江经验。

5.7.3 领军企业牵引带动是补链强链协同攻关的主导力量

实践证明，创新型领军企业在创新能力和绩效提升中发挥着关键作用。以领军企业为主导构建创新联合体，能有效整合各创新主体资源，协调各创新主体行动，推动产业链与创新链融合。因此，要充分发挥领军企业的牵引带动作用，支持领军企业面向国家需求，聚焦产业链关键环节和技术断点，牵头组建创新联合体开展技术攻关，从而带动产业链上下游的技术升级。

5.7.4　实施绩效考评是加强联合体组织管理的重要环节

江苏、浙江等省（区、市）强化结果导向，从项目执行完成情况、内部日常管理、成员单位合作情况、技术成果对重点产业的技术贡献度等方面对创新联合体进行绩效评价，提出实施绩效评价等亮点政策措施。对评估结果为优秀的创新联合体，根据项目情况后续给予项目经费支持；评价结果较差的创新联合体，视情况调整或者中止项目经费支持。这些加强创新联合体绩效评价管理的措施对广西创新联合体组建工作具有重要借鉴意义。

5.7.5　明晰权责收益分配是推进成员单位有效合作的坚强保障

创新联合体成员单位通过签署联合共建协议形式，明确技术创新目标、任务分工、各成员单位的责任和权利与义务、科技成果和知识产权归属、技术开发成本承担，以及技术转让、许可、咨询和服务所产生的收益分配，为创新联合体的高效运作与可持续发展提供了坚强保障。实践表明，创新联合体运行前，牵头企业与成员单位签署创新联合体组建协议尤为必要。

第 6 章

国外创新联合体案例分析

6.1 国外创新联合体组建发展典型案例

国外创新联合体最早出现在 20 世纪 80 年代早期的欧洲和美国，由政府或其他非市场力量协同多部门共同组建。其集聚了大体量的科技资源和人力，旨在解决国家或地区重大科技问题，是具有深远的社会经济影响力的创新组织。近年来，美国、欧盟、英国等国家和地区组建创新联合体呈现出新形式和新规律，针对主导产业、战略产业和未来产业，分别组建不同模式的创新联合体，建构国家意志与市场机制共同驱动的新生产函数。

6.1.1 美日先进存储研究联合体

1. ASRC 功能定位

随着大数据时代的到来，大量的非结构性数据让数据变得更加复杂多样，与以往数据体量较小、种类相对单一的存储情况不同，因此如何更好、更快地存储数据就变得至关重要。美国、日本两国一直主导和引领存储技术与产业发展，持续推动存储技术知识创造与研究成果的商业化。为占领全球存储技术制高点，美国、日本于 2016 年联办了先进存储研究联合体（Advanced Storage Research Consortium，ASRC），成为全球存储行业新型产学研一体化融合发展的典范。

2. ASRC 目标导向

（1）确定存储技术未来发展方向。存储行业发展方向的选择和确定，是 ASRC 的管理层在对行业的经验和理解、以往硬盘驱动器（hard disk drive，HDD）的技术发展路线图、各企业自身的战略规划，以及著名磁学会议如国际磁学会议、磁记录会议的会议报告和会议论文等相关材料综合研判的基础上形成的。

（2）识别存储行业关键核心技术。对不同的研究方向或系统，各系统组汇集来自企业和大学的专家对该研究方向或系统的存储密度和产品上市时间进行预判；功能组从细分功能领域对系统组的预判进行支撑、反馈和调整，同时参考各企业公开或者联合体内可共享的战略规划、会议报告和论文等，分析该系统实现相应存储密度可能采用的技术，并识别出主要技术壁垒或难点，即为关键核心技术。

（3）制定存储行业技术发展路线图。制定存储行业技术发展路线图时组织结构上有两级，第一级为总体领导组，负责路线图制定的统筹、监督和领导工作；第二级为系统组和功能组。系统组和功能组并行工作：在系统组撰写"稻草人"草稿的同时，功能组列提纲和研究实现目标可能存在的问题。在系统组完成草稿后，功能组修改和更新该草稿，同时撰写功能组细节草稿，并最终完成路线图报告。

（4）对存储技术进行优先级排序和遴选。ASRC 核心会员企业从记录系统和功能方向两个维度进行优先级排序，并绘制成矩阵图，在项目申请前将此优先级矩阵图以通知邮件形式发给大学研究人员作为申请项目的参考，研究领域的关注度与最终分配的项目个数高度正相关，从而满足企业和产业的技术需求。

（5）加强存储技术研发机构和会员企业激励。ASRC 对大学研究人员的项目支持经费可用于项目需要的设备租用或维护，在项目申请中研究人员还可列出使用会员企业的设备需求、与会员企业的技术合作需求，以及预期的学生实习情况。同时，ASRC 在整个供应链和产业链会员企业中指导企业合作研究工作，包括但不限于存储系统新组件或制造工具的规范制定、未来存储技术的工作组协作，以及联合项目研发等。

3. ASRC 组织架构

ASRC 采用简捷、扁平、高互动的管理结构,管理层分别为执行理事会(executive council,EC)、筹划指导委员会(steering committee,SC)和技术委员会(technical committee,TC),组织架构如图 6-1 所示。ASRC 最高管理层 EC 只有一个,美国和日本分部各保留自己的 SC 和 TC,以保证工作和预算上的自由度。ASRC 按照会员企业存储方面的收入对会员企业进行分级,并收取不同的会费,只有前三级核心会员企业才会产生关键的 EC、SC 和 TC 管理层职位。

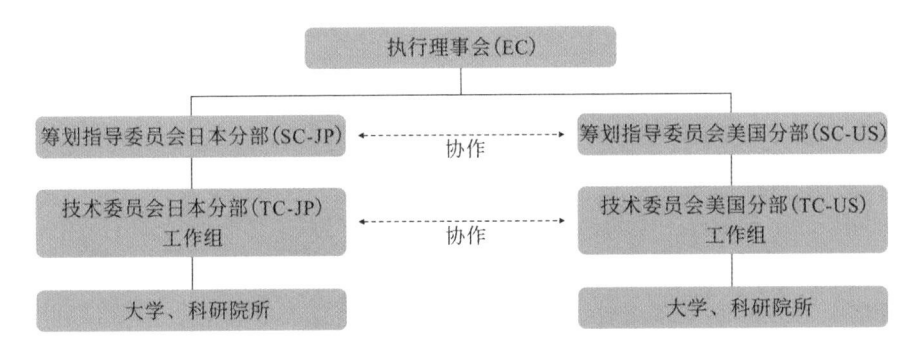

图 6-1 美日先进存储研究联合体组织架构

(1)最高决策层 EC:制定和调整 ASRC 发展战略,搭建产业与 ASRC 的桥梁。EC 为 ASRC 的最高领导层和决策层,由一级会员企业的首席技术官(chief technology officer,CTO)或高级副总裁(senior vice president,SVP)担任,来自企业的 CTO 和 SVP 结合产业的发展需求和发展方向制定 ASRC 的愿景和使命,即缩短发明到产业化的时间,加速技术创新进程。EC 每半年开一次会,主要职责为调整和批准 SC 提交的研究预算申请、任命 SC 成员。

(2)二级管理层 SC:将发展战略转换为可执行的研究方向,搭建 EC 和 TC 的桥梁。SC 作为第二级管理层,由一级会员企业和二级会员企业的总监(director)担任,每季度开一次会,主要职责为向 EC 提供新项目立项、已有项目修改,以及提出项目范围、规模和预算调整等方面的建议,为 EC 编制和总结大学研究项目的会议活动、研究目标和研究成果;任命

TC 成员，对 TC 提交的项目整体上负责立项、执行指导和监督，以及优化项目的整体布局。

（3）三级管理层 TC：管理、总结和反馈项目研究进展，搭建 ASRC 和大学的桥梁。TC 作为第三级管理层，由前三级会员企业的技术负责人担任，主要负责已资助研究项目的管理和工作总结会的组织。TC 至少每月开一次会，提供项目建议供 SC 参考和批准，管理大学或科研院所的研究项目，每季度向 SC 总结汇报大学或科研院所项目的研究进展。

4. ASRC 运行机制

ASRC 的运行离不开与政府、企业、科研机构、行业协会等参与主体的组织协同。ASRC 承担着企业与大学、科研院所合作的纽带作用，对企业参与、投资、研究成果转化的调动和协调作用，对产业链上下游企业间竞争和合作的推动、组织和协调作用，并受到政府的支持、监督和保护。

（1）与政府的组织协同，充分发挥政府作为支持者和引导者的作用。美国在技术和创新、全球经济中的领导地位均得益于精心营造的创新生态系统。美国的创新生态具有市场导向、企业家精神突出、专门机构决策和协调、政产学研多主体合作协同、支撑制度完善等特点，造就了利于 ASRC 发展的市场环境、治理环境、国际环境和文化环境。

（2）与企业的组织协同，充分发挥企业作为项目出题者的作用。ASRC 在符合国家战略目标的前提下，积极发挥企业的出题者作用，识别关键核心技术，绘制 HDD 行业的技术发展路线图，鼓励竞争前技术合作，最大限度避免会员企业之间的竞争，充分调动会员企业的信息共享和项目投入与参与的积极性，鼓励会员企业间的相互合作，促进创新链和产业链的深度融合。

（3）与科研机构的组织协同，充分发挥科研机构作为项目承担者的作用。大学和科研院所在 ASRC 中将基础研究、技术研发、人才培养结合起来，充分发挥其基础研究深厚、学科交叉融合的优势，通过承担联合体研究项目、以基础前沿探索和关键核心技术突破支撑联合体研究项目的知识创新和研究成果转化。大学的研究人员通过参与制定技术发展路线图，与企业联合或单独承担研究项目，编撰存储行业教材和教授相关课程，发挥知识创造、知识传播、知识积累和知识传承的重要作用。

（4）**与行业协会的组织协同，充分发挥行业协会作为产业链连接者的作用**。国际硬盘设备与材料协会（International Disk Drive Equipment and Materials Association，IDEMA）为 ASRC 法律上的实体依托单位，IDEMA 的会员企业贯穿存储行业的整个产业链，包括 HDD 供应商、设备企业、零部件供应商、存储器件客户和材料供应商等。IDEMA 为 ASRC 在 HDD 产业链上企业之间更广泛的合作和新技术新产品行业标准的制定提供了保障。此外，IDEMA 的国际化背景是美国先进存储技术联合体和日本存储研究促进组织长期合作和最终合并为 ASRC 的基础之一。

5. ASRC 支持措施

美国从政策和法律、研究经费、人才队伍、信息平台和文化氛围等方面发力，为 ASRC 建设提供有力支持和保障（图 6-2）。

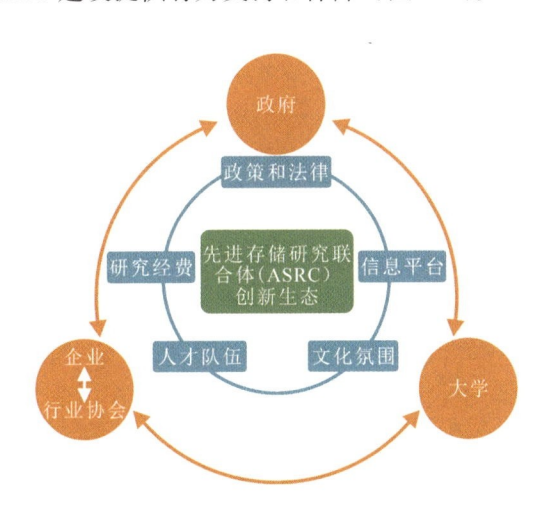

图 6-2　先进存储研究联合体建设的支持保障

（1）**健全的科技政策和法律是发展的基础**。国家的扶持政策为联合体建设提供了法律保障，保证研究资源和创新要素的倾斜，与研究成果转化、知识产权保护、国际合作、反垄断等相关的法律法规的完善是联合体正常运行的基础。美国从 1980 年开始颁布的《史蒂文森 - 威德勒技术创新法》《拜杜法案》《国家合作研究与生产法》等一系列法案推动了美国科技创新和科技成果转化的进程，也为研究联合体的成立和发展提供了法律保护。

（2）长期稳定的研究经费支持是发展的保障。长期稳定的研究经费支持是联合体稳定运行和颠覆性研究项目开展的重要保障。ASRC 的研究经费来源于会员企业每年上缴的会费，约 90% 的会费用于支持项目研究，但企业会员尤其是核心会员企业战略转移可能导致会员企业的退出，从而引起研究经费大幅波动。吸纳新核心会员企业、保证研究经费的稳定是 ASRC 的重大挑战和任务之一。美国先进技术计划（Advanced Technology Program，ATP）对联合体申请项目资助时限延长至 5 年（单个企业申请最高资助时限为 3 年），并可能获得政府的滚动支持。

（3）专业化、多元化的人才队伍是发展的核心。ASRC 具有多元化、多层次的人才梯队。国际化的联合体运行离不开专业化、多元化的人才队伍，包括战略科学家、技术人才、管理人才等。ASRC 对各类人才进行合理配置，充分发挥科技领军人物的项目组织和领导作用。例如，ASRC 领军人物 Mark Kryder（马克·克莱德）和 Mark Kief（马克·基夫）扎实的理工科背景和丰富的企业、大学工作经验对项目的选题和管理起到了非常重要的作用。ASRC 网罗全球人才，资助全球范围的科研人员，如来自新加坡、奥地利、英国和中国的人才；注重对研究生的支持和人才的培养，学生或博士后可通过参与项目、业内会议、讲习班、企业实习多种形式建立和产业的连接。

（4）数据库网络系统是发展的信息平台。建立在技术和成果共享基础上的数据库网络系统使 ASRC 成为存储行业内领军企业、大学研究人员及产业链上下游企业的综合信息平台。联合体的网络平台存有项目申请和汇报文档、工作总结会会议报告、法律文件、系统组和功能组相关文档、委员会成员等信息，保证会员企业和管理层及时而全面地了解项目进展和联合体的运行情况。

（5）崇尚创新的文化氛围是发展的动力。美国企业锐意创新、富有活力，其创新文化植根于移民文化的冒险精神，提倡竞争和冒险，奖励创新和鼓励利益共享，同时又包容失败。而日本创新文化源于危机感和使命感，强调集思广益、团队协作，以团队创新和集体创新推动企业的系统创新。崇尚创新的文化氛围使得美国、日本两国在存储技术领域一直处于领先地位，也是美国先进存储技术联合体与日本存储研究促进组织长期合作、二者合并成功，以及 ASRC 发展的内生动力。

6.1.2 欧盟"地平线欧洲"计划

1."地平线欧洲"计划功能定位

欧盟研发框架计划是欧盟支持科技创新的重要政策工具，是世界上规模最大的公共财政支持的科技计划。1984年以来已实施八期，2021年1月开始实施第九期研发框架计划——"地平线欧洲"（2021～2027年）。"地平线欧洲"计划的总预算高约955亿欧元，这一框架计划旨在强化欧盟科技基础，帮助欧盟站在全球研究与创新的前沿，发现和掌握更多前沿科学技术，强化卓越科学，促进经济、贸易和投资增长，培育欧盟竞争力，为应对全球性挑战提供支撑。"地平线欧洲"计划的目标、实施主体及组织协同与我国提出的创新联合体均有相似之处，强调任务导向、多元合作以及自上而下与自下而上机制的协同作用等。

2."地平线欧洲"计划目标导向

"地平线欧洲"计划聚焦"卓越科学""全球挑战与欧洲产业竞争力""创新欧洲"三大支柱领域，覆盖基础创新、产业发展和经济社会问题；额外还有一个支撑板块，侧重区域协调发展。

（1）"卓越科学"支柱。"卓越科学"支柱预算为250.12亿欧元，占总预算的26.19%，主要支持基础研究领域、前沿领域的科研活动，相较于"地平线2020"计划，除"未来新兴技术"内容被调整至其他支柱外，其他业务均予保留，主要包括欧洲研究理事会、玛丽·居里行动及科研基础设施三大业务板块。

（2）"全球挑战与欧洲产业竞争力"支柱。"全球挑战与欧洲产业竞争力"支柱侧重于支持应用研究，预算为535.15亿欧元，占总预算的56.03%，所涉科研领域最多，在整个研发框架中的位置最重要，主要解决社会挑战问题，提升欧洲的技术竞争力和产业水平。该支柱合并了"地平线2020"计划的"产业领导力"和"社会挑战"两个支柱及联合研究中心的部分业务。为简化支柱架构，相关的科研领域被整合在一起，称之为"科研集群"（cluster），因此该支柱形成了"6+1"结构，即6个科研集群和1个欧盟联合研究中心（Joint Research Centre，JRC）中有关原子能研究以外的业务。

（3）"创新型欧洲"支柱。"创新型欧洲"支柱预算为135.97亿欧元，占总预算的14.24%，侧重支持产业化工作，让欧盟科学研究方面的优势转化为创新（产业）优势，涉及欧洲创新理事会、欧洲创新生态体系、欧洲技术与创新研究院三个方面的业务。

（4）支撑板块。支撑板块预算为33.93亿欧元，旨在促进更多科研人员，尤其是落后地区科研人员参与研发框架计划，帮助欠发达地区提升科技创新能力。

3."地平线欧洲"计划组织架构

"地平线欧洲"计划的组织实施与管理由欧盟委员会总体负责，其下设科研与创新总司负责计划的宏观统筹协调、相关规划及政策制定、监督评估等工作，欧洲研究理事会、欧盟研究执行局等作为执行机构负责项目立项及过程管理等，同时为规划政策制定提供咨询建议。

4."地平线欧洲"计划运行机制

（1）创新方向选择机制。"地平线欧洲"计划的任务方向确定遵循使命导向型创新政策。①明确任务的遴选原则，包括社会意义广泛，研究目标明确可考核，目标宏远但具有科技供给能力，需跨部门、跨学科、跨主体协作等。②开展技术预测。欧盟委员会于2016年启动技术预测，历经两年时间，通过场景模拟、德尔菲法等技术手段，提出了辅助生活、生物经济、可再生能源、持续网络战等19项重要创新方向，为"地平线欧洲"计划的任务方向遴选提供决策参考。③多方参与，共同凝练需求。计划研究确立过程中，通过线上协同设计活动收集到8000多份书面反馈意见，并通过2019年欧洲研究创新日交流活动线下收集了公众意见，让公民参与项目设计及其实施，利用用户驱动创新，以此优化"地平线欧洲"计划的投资效果。

（2）资金来源及分配机制。欧盟2021～2027年用于科技创新的经费预算为1000亿欧元，955亿欧元用于"地平线欧洲"计划，其中35亿欧元在InvestEU基金下分配，InvestEU基金允许使用贷款、担保、股权和其他基于市场的工具来撬动公共和私人投资用于研究创新。此外，欧洲区域发展基金、欧洲社会基金、欧洲海事、渔业和水产养殖基金和欧洲农业农村发展基金等多个基金也将参与"地平线欧洲"计划的实施。在资金管理方面，该计划采取了系列措施简化工作程序，如资金利率保持稳定、融资模式进一步简化、加大利用简化形式的赠款（包括一次性付款）等。此外，该计划设立了快捷通道，使小型合作团队更快捷地获得资金，如对于"全球挑战与欧洲产业竞争力"支柱下不多于6个合作单位组成的研究团队，项目立项后6个月内可完成资金拨付。

（3）开放合作机制。开放合作是"地平线欧洲"计划的重要运作方式。在开放获取方面：①构建了欧洲开放科学云平台，确保数据、软件、模型、算法等研究成果可查找、可访问、可互操作和可重复使用；②构建欧洲开放研究平台，项目参与团队在研究期间及研究结束后均可免费获取同行评议出版物；③鼓励科研团队通过预注册、注册报告、预印本等方式早期公开分享研究成果，并鼓励公民、社会和最终用户共同参与科学研究。在国际合作方面：①针对性地与第三世界国家和地区在互利战略领域开展合作；②通过"卓越科学"支柱和"创新型欧洲"支柱促进前沿研究领域的国际交流合作，同时推动欧盟创新型公司国际化；③在应对气候变化、可持续粮食和营养安全、健康问题等全球挑战方面参与和领导多边联盟；④与第三世界国家和地区开展政策对话，包括科学政策制定、安全和质量标准制定及服务监管环境优化等。

（4）协同创新机制。①欧盟委员会与产业有效协同，避免资源重复投入和研究碎片化。2021年6月，欧盟委员会发布了11项与产业合作的谅解备忘录，明确合作目标、双方职责及管理方式等，为建立良好的合作关系奠定基础。11项合作关系中，"地平线欧洲"计划将承担8亿欧元研发创新费用，其他产业合作伙伴将承担14亿欧元研发创新费用。②实施方案中明确部分重点领域项目（课题）实施过程中要采取制度化合作伙伴机制，如"全球挑战与欧洲产业竞争力"支柱的移动、能源、数字和生物经济领域。欧洲创新与技术研究院知识和创新中心即为制度化合作伙伴机制的一种，其开展的活动涵盖教育培训、成果转化、创新项目及企业孵化等，通过这一系列活动加强企业（包括中小企业）、高校和科研院所之间的合作，助力形成充满活力的泛欧伙伴关系。③项目团队申请项目（课题）时，可根据攻关需求，在欧盟网站寻找合作者，并通过双边合作和多边合作实现相互协作。④在科技计划协同方面,按照欧洲协同政策要求,"地平线欧洲"计划将与欧洲国防基金、国际聚变能源项目、数字欧洲计划以及连接欧洲基金等欧洲其他计划有效协同;在项目(课题)层面,基于卓越印章机制,通过"地平线欧洲"计划的评审但无法获得资助的项目,可通过欧洲结构和投资基金获得资助。

(5)成果转化机制。①"地平线欧洲"计划构建了成果转化平台,接受计划资助的项目均可在平台发布已取得的成果,并阐明对资金、政策、市场应用、孵化器、商业及技术伙伴等方面的需求,而政策制定者、投资者、企业家、研究人员也均可在此平台寻求研究成果,并与成果所有者取得联系。此外,"地平线欧洲"计划构建了成果助推器,免费为项目提供专家指导,以使研究成果产生强大的社会影响,将科技创新活动的价值更具体地体现在应对社会挑战上。通过成果助推器,项目可根据自身需要,选择成果组合宣传、制定商业计划及产品上市应用等不同的定制化服务。②通过欧洲创新理事会促进成果转化。该机构的项目总预算超过100亿欧元,围绕基础研究、成果转化和市场应用三个阶段开展资助,助推科研人员的概念想法转化为实验室研究成果,并进一步推向市场,进入市场后,企业家还可向欧洲创新理事会申请资金资助、贷款和咨询服务等,以拓展业务。

(6)创新生态系统建设。①设立完善创新生态系统课题。"地平线欧洲"计划意识到欧洲乃至全世界正面临一系列深刻而迅速的变化,迫切需要研究人员、企业家、工业界、政府、民间组织及民众密切合作,联合开发应对方案。因此"地平线欧洲"计划设立了欧洲创新生态系统课题,旨在为协同创新创造更为包容和高效的创新生态环境。②采取系列措施减轻科研人员负担,如简化报销制度,增强审计联动性,减轻承担多个项目的单位的负担。③构建激励机制。在物质奖励方面,设立地平线挑战奖,对应对社会挑战提供最具创新性解决方案的团队给予金钱奖励;在非物质奖励方面,设立奖励创新城市的创意之都奖、鼓励女性工作者的女性创新者奖、激励采购创新成果的欧洲创新采购奖等系列奖项。

(7)监督评估机制。"地平线欧洲"计划的监测评估体系由三部分组成:①欧盟委员会科研与创新总司于2018年对"地平线欧洲"计划开展了事前评估,研究分析了在不同预算、不同管理方式及不同设计方案情境下，该计划可能产生的不同经济社会影响，并对将要产生的经济增长和就业数据进行了数据预测。②实施过程中基于基线，对计划执行情况开展年度评估，持续监测计划实施进展情况。③在计划实施中期和完成后开展阶段性评估和绩效评估，围绕三个维度评价计划实施的战略影响：首先是科学影响，评估计划是否支持传播高质量新知识、技术及创建应对全球挑战的方案；其次是社会影响，评估创新研究对于欧盟政策制定和实施产生的影响，以及行业和社会对创新成果的吸纳利用情况；最后是经济影响，包括市场对创新产品的应用情况等。

5. "地平线欧洲"计划支持措施

（1）任务导向设计项目，彰显科技创新的影响力。"地平线欧洲"计划的设立理念的重心向科技创新链条的后端转移。"地平线2020"计划强调科研活动导向（activity-driven）的设计理念，即以研发框架计划支持科研活动为重心，通过导向明确的任务目标统领不同研究领域的研究问题，从而更有效地针对经济、社会亟待解决的问题提出技术解决方案。"地平线欧洲"计划则强调影响力导向（impact-driven），注重研发框架计划对科技、经济和社会的影响，要让民众切实感受到科技创新的力量，尤其是"全球挑战与欧洲产业竞争力"支柱和"创新型欧洲"支柱的项目设计、项目实施和项目评估等环节均体现了这一设计理念。

（2）优化研发框架架构，全链条设计科研创新。"地平线2020"计划的架构基本按基础研究（"卓越科学"支柱）、经济领域（"产业领导力"支柱）和民生领域（"社会挑战"支柱）布局，支持产业化相关措施散布于各个领域。"地平线欧洲"计划则通过合并和新设对研发框架结构进行大幅调整，调整后"地平线欧洲"计划主体部分基本按照基础研究、应用研究、产业化和横向支撑板块进行布局，各板块功能定位清晰，贯穿科技创新整个链条，更为简洁科学。

（3）加强横向协调，推动协同创新。"地平线欧洲"计划实施期间欧盟着力加强欧盟层面、成员国层面，以及各部门、各机构、各领域之间的协调，推动欧洲研究区、欧洲教育区和欧洲创新区融合发展；加强欧盟各机构、各成员国之间科技创新政策、科技计划项目、创新资源等方面的沟通协调；促进"地平线欧洲"计划与"地平线2020"计划、共同农业政策、数字欧洲计划、空间计划、下一代欧洲等10余个计划之间的协调等，推动协同创新，有效利用创新资源。

6.1.3 日本超大规模集成电路计划

1. VLSI 计划功能定位

20世纪70年代中期，美国几乎垄断了大规模集成电路的所有尖端技术，掌握了16K、32K集成电路的制造工艺，而日本当时才研制成1K和4K集成电路。由于美国减弱对日本的扶持并且要求日本开放其国内集成电路市场，同时国际商业机器公司（International Business Machines Corporation，IBM）宣布装有超大规模集成电路的未来系统（future systems，FS）即将问世，很可能让日本计算机和半导体企业彻底成为全球市场上的边缘者。在此情况下，1976年，日本通商产业省（现经济产业省）通过对集成电路产业发展趋势的研判，提出设立企业间联合研究的超大规模集成电路（very large scale integration circuit，VLSI）计划，以实现微电子技术革命性突破。VLSI计划开始于1976年3月，完成于1980年3月，是日本政府激励和组织企业开展重大科技任务联合攻关最成功的案例之一。VLSI计划完成了对美国半导体技术的赶超，使日本一举成为世界最大半导体生产国。1979年，日本的16K动态随机存储器（dynamic random access memory，DRAM）占据了美国超40%的市场份额。1985年，日本控制了全球90%的256K内存芯片市场份额，从而一跃成为与美国并驾齐驱的微电子技术最先进的国家。

2. VLSI 计划目标导向

VLSI计划由日本通商产业省牵头主导研发方向，通过分析产业发展趋势和合作各方利益诉求，选择关系产业竞争力的关键技术，制定具体实施方案和组织管理模式；由政府牵头进行跨部门协同研发，并提供政策支持，引领企业研发的全过程。VLSI计划中有20%的共性技术在联合实验室展开研究，研究成果由各家企业共享，其余80%的研究科目由各企业独自展开研究。共同研究的选题原则是选择那些超大规模集成电路技术开发所需的具有最根本性、基础性、共同性的课题，即对各成员都会起作用的、必需的技术。富士通、日立、三菱、日本电气和东芝5家公司有平等使用研究成果的权利,商业化开发则由各公司独自承担。VLSI计划确立了6项课题:①微精细加工技术;②结晶技术;③设计技术;④工艺技术;⑤检验评价;⑥元件技术。基础研究由共同研究所承担,设立6个实验室。而在基础研究之上进行的应用研究分别由富士通-日立-三菱系统的计算机综合研究所(computer design laboratory,CDL)和日本电气-东芝系统的日电东芝信息系统(Nippon Electric-Toshiba information system,NTIS)承担。

日本的VLSI计划开创了政府集中优势资源,支持产业技术研究发展的新模式,后来日本将这种模式应用到光学测量与控制系统、超级计算机等"卡脖子"核心技术项目中,也取得了良好成效。

3. VLSI 计划组织架构

VLSI计划由日本通商产业省所属的电子技术综合研究所牵头,联合富士通、日立、三菱、日本电气和东芝5家计算机生产龙头企业,共同组成VLSI技术研究协会,协会下设联合实验室和成员企业实验室(图6-3)。联合实验室包括6个团队,其中3个专攻光刻,另外3个研究晶体、工艺和仪器。联合实验室只研究对所有成员都有价值的"通用"技术和面向未来且不用现有知识的"基础"技术,以避免企业因为担心技术外泄而抵制

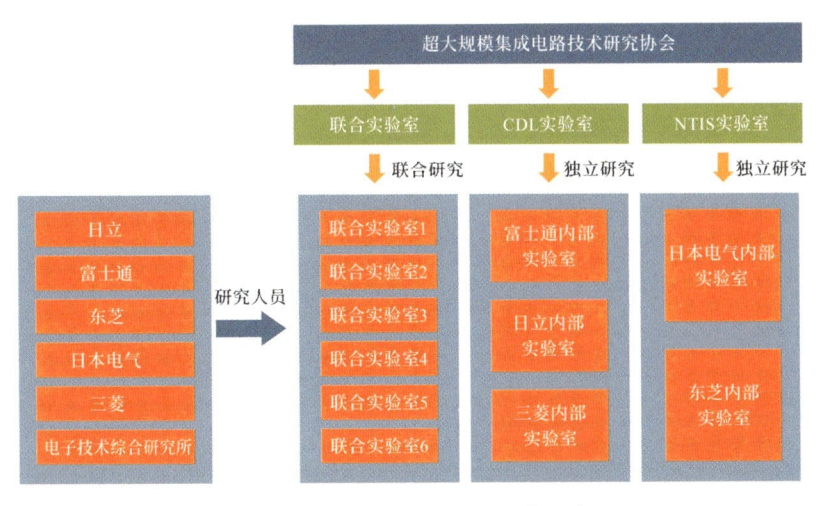

图 6-3 日本 VLSI 计划组织架构示意图

合作，研究成果以共享方式输出到各企业独立实验室。成员企业实验室则负责应用技术研发。企业可共同使用联合实验室科研设施，既避免重复进行基础研究及设施投入，也有助于研究人员信息交流、思想碰撞、能力互补。

4. VLSI 计划运行机制

VLSI 计划的最高管理机构是理事会，由各大公司的总裁和通商产业省的代表组成，理事会的主席由理事轮流担任，秘书长由通商产业省的离职官员担任。理事会下设运营企划委员会，其成员由各公司分管半导体工作的副总裁级人物及通商产业省管辖的电子技术综合研究所相关负责人组成。实体团队则由来自 5 家合作企业的上百位科学家和工程师组成。VLSI 计划的共性技术通过参与方联合研究来攻关，而技术的商业化开发则交由各企业独立进行。

VLSI 计划实施期间，日本政府加强产业链上下游配套协作，进一步打通产业链上下游配套协作的堵点、卡点，推动大中小企业构建稳定配套联合体，共有超过 50 家企业（多为中小企业）为联合研究所提供设备和材料，与联合研究所相关成员企业合作，共同改进方案，有效推进了设备和材料研发进程。日本 VLSI 计划产业链上下游配套协作示意图如图 6-4 所示。

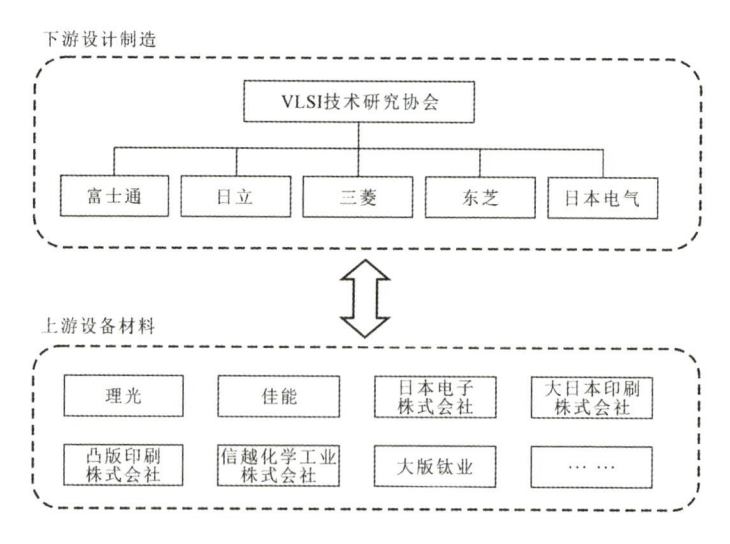

图 6-4　日本 VLSI 计划产业链上下游配套协作示意图

5. VLSI 计划支持措施

（1）**政府引导企业加大研发投入**。1976～1980年，VLSI计划的研究经费总额达737亿日元，其中通商产业省投入引导资金291亿日元，约占研究经费总额的40%，其余费用由参与各方分摊。政府提供的资金补助金额相当于参与该项目的五大企业每年研发投入总和的2～3倍，极大地提升了企业参与研发的积极性。1976～1980年VLSI计划各年的研究经费占日本半导体产业总研究经费的22%～66%。

（2）**支持联合实验室研发共性技术**。为了占据市场份额，企业都想掌握最前端的信息技术，因此集成电路企业往往很注重对自有核心技术的保护，在联合实验室难以进行全部的技术研发。而共性技术是进行其他应用性技术研发的基础，是各企业都必须掌握的，对共性技术进行联合研究符合所有参与企业的利益。因此，日本政府决定将联合实验室的研发重心放在对所有企业都有利的且适用于未来的共性技术上，并将15%～20%的研发经费分配到共同研究所，而80%～85%的研发经费则通过富士通-日立-三菱系统的计算机综合研究所和日本电气-东芝系统的日电东芝信息系统两个组织投到每个公司内部的应用研究中。按照参与开发研制的公司达成的协议，专利收入首先用于偿还政府的补贴，但是每项专利的长期权仍属于负责开发的公司。

VLSI计划取得的成效包括：VLSI计划共性技术研发取得500多项专利和1200多项工业技术所有权，多项成果处于世界领先水平。1980年，日本宣布成功研制出64K集成电路，比美国早了半年；日本电气通信研究院也在当年成功研制出256K的动态随机存储器，比美国早了两年。到1986年，日本的半导体产品在全球的市场份额已经达到45.15%，高于美国的44%；到1989年，日本公司在全球存储芯片领域的市场份额达到53%，领先美国多达16%。

6.1.4 美国半导体制造技术战略联盟

1. SEMATECH 功能定位

美国半导体制造技术战略联盟（Semiconductor Manufacturing Technology，

SEMATECH）是在美国政府财政资助下，由14家半导体公司共同组建的技术战略联盟。SEMATECH于1988年开始运营，由各个会员企业联合出资，带动政府投资就芯片制造工艺进行共同研发，以加速美国半导体产业的技术创新向制造方案的商业化转化。1990年前后，SEMATECH将研发投资重点转移到美国芯片制造供应链的设备和原料的科研投资上，先进微器件公司（Adranced Micro Devices,Inc.，也称超威半导体公司）又联合几十家美国芯片产业链上的供应商组成了相应的联盟与SEMATECH深度合作，建立了由美国制造的先进芯片设备供应链。美国半导体制造技术战略联盟是美国国防部支持生产转型改进的经典例子，创造了经典的创新联盟模式，实现了从传统的产业政策到网络型产业政策的转变和升华。

2. SEMATECH目标导向

SEMATECH是一个由政府牵头，企业与政府合作的半导体制造工艺研究的合作联盟。其核心目标是加强半导体制造工业与半导体设备工业之间的联系，合作方式包括委托开发新设备、改进现有设备、统一制定下一步技术发展战略等。

3. SEMATECH组织架构

SEMATECH是以公司制形式存在的官产学研联盟。联盟中包括大型集成电路（integrated circuit，IC）企业、IC设备企业、美国联邦政府相关部门和地方政府，以及大学和实验室。其中，大型IC企业包括英特尔、超威半导体公司、德州仪器、IBM、摩托罗拉等，这些企业的半导体组件在当时占全美市场份额的80%以上。成员企业派遣技术及管理精英到SEMATECH负责其运营和研发工作，首任首席执行官是英特尔的罗伯特·诺伊斯（Robert Noyce），他是集成电路的发明者之一，既精通技术也精通管理，他对联盟的运作模式和风格的形成有很大贡献。SEMATECH有700多名工作人员，其中约30%的工作人员是来自成员企业的高级代理人。

4. SEMATECH运行机制

SEMATECH由成员企业的技术骨干组成了相应的技术指导委员会，

将芯片制造业提升工艺和产品创新过程中对于设备和原料的新要求分解成众多技术环节，向供应链联盟企业及大学和科研机构寻求技术解决方案，并与供应链企业一起分摊新设备、新原料、新工艺的研发和制造资金。

SEMATECH 的研究项目主要来自成员企业的实际需要，研究经费由 14 家成员企业和美国联邦政府各自承担一半，设立中心管理机构进行管理，研发投入的 80% 用于 2～3 年内可转化为商业成果的短期项目，20% 用于 3 年及以上的长期项目。研究人员和管理人员大多来自成员企业，以借调的方式进入 SEMATECH，并作为成员企业在联合体的代理人。SEMATECH 有自己的示范性生产线，用于验证新开发的各种芯片制造设备、工艺和原料，甚至要求成员企业"出租"相关技术骨干在 SEMATECH 全职工作 2～3 年来跟进各个研发项目。

5. SEMATECH 支持措施

（1）用法治护航。1984 年美国国会通过了《国家合作研究法案》，该法案放松了对垄断的限制，允许企业在研发方面展开合作。同年通过的《半导体芯片保护法》以特殊立法模式对半导体芯片加以保护，旨在遏制猖獗的盗版现象。这个以芯片作为保护对象而设立的法律凸显了美国对 IC 技术的重视程度。美国联邦政府对联盟的支持和管理是通过法律形式规范和固定的。美国国会在 1988 年专门出台了《国防授权法案》，授权美国国防部代表美国联邦政府资助 SEMATECH 并监督项目，同时要求美国审计署[①]（Government Accountability Office，GAO）根据政府审计标准每年对 SEMATECH 的财务状况进行审计。

（2）加大经费投入。从 1988 年开始，SEMATECH 按照预算计划每年能得到 2 亿美元的资金，其中，美国国防部每年出资 1 亿美元，为期 5 年；另一半经费来自各成员企业缴纳的会费，大约是成员企业年销售收入的 1%。1992 年后，美国国防部又追加了一部分预算。到 1996 年，SEMATECH 汇集了 18 亿美元用于研发，其中一半来自美国国防部。SEMATECH 使用政府经费需要接受 GAO 的监督。除财务状况外，GAO 还对 SEMATECH 的技术进展、管理成效，以及产业竞争力提升方面进行

---

① 现为美国政府问责局。

评估。1996年之后，SEMATECH不再接受政府资助，因而GAO对它的监督职责也就结束了。

（3）助推技术转化产出。美国为维持其军事优势地位，对先进武器和设备的需求非常大，加之军备贸易是美国军方获取利益的重要来源，因而美国联邦政府主动资助SEMATECH开发先进IC技术。在SEMATECH咨询委员会的5名政府代表中，担任主席的是美国国防部采购副部长，其余4名代表分别是美国能源部能源研究中心主任、美国国家科学基金会主任、美国商务部经济事务副部长、美国联邦实验室联盟负责技术转移的主席。SEMATECH支持半导体设备供应商的主要措施见表6-1。

表6-1 SEMATECH支持半导体设备供应商的主要措施

措施	意义
制定整个项目的技术路线图	让供应商理解技术发展需求，做好战略规划
共同开发项目	让供应商自主开发新设备
设备改善项目	帮助供应商改善现有设备，加速传播设备数据信息，便于采纳
制定设备标准	提高设备兼容性和成员企业对设备的评估能力
设立中心化的设备验证机构	降低成员企业和供应商的测试成本，加速传播测试信息，缩短研发周期
必须购买美国设备，成员企业对设备有优先购买权	为本国设备创造市场
全面质量伙伴项目	帮助设备商全方位改善企业管理

6.1.5 法国竞争力集群计划

1. 竞争力集群计划功能定位

创新是法国的国家品牌，而通过合作方式促进创新又是法国的独特基因。法国中小企业多，自主创新能力弱，必须联合某一地区传统优势产业内的企业，整合研发、教育等优势资源，以协同创新的方式提升企业技术竞争力。因此，2005年7月，法国出台了竞争力集群计划。所谓竞争力集群是指在特定的地理范围内，一些企业、公司或私营研究机构以合作伙伴的形式联合起来，相互协同，共同开发以创新为特点的项目。其具体实施途径是选择有潜在竞争力和培育前景的地区，围绕创新项目，帮助企业、培训中心和研究机构建立合作关系。不同于美国和日本半导体产业创新中以大企业为主的模式，法国的竞争力集群由多个层次组成，集群成员包括跨国企业、大学、科研机构、中小型企业甚至是微型企业。从组织形式上看，法国的竞争力集群和我国提出的创新联合体较为接近，都是在国家战略层面从技术突破出发，由政府进行引导，根据区域发展情况以企业为主体构建协同创新组织，因此可以作为我国创新联合体建设的优秀借鉴。法国作为一个科教中央集权化管理的国家，将竞争力集群作为一个让创新资源在产学研用不同创新主体间流动、共享和合理配置的生态系统，并借助竞争力集群计划探索创新生态系统的多层次与跨网络治理，其演进路径如图 6-5 所示。

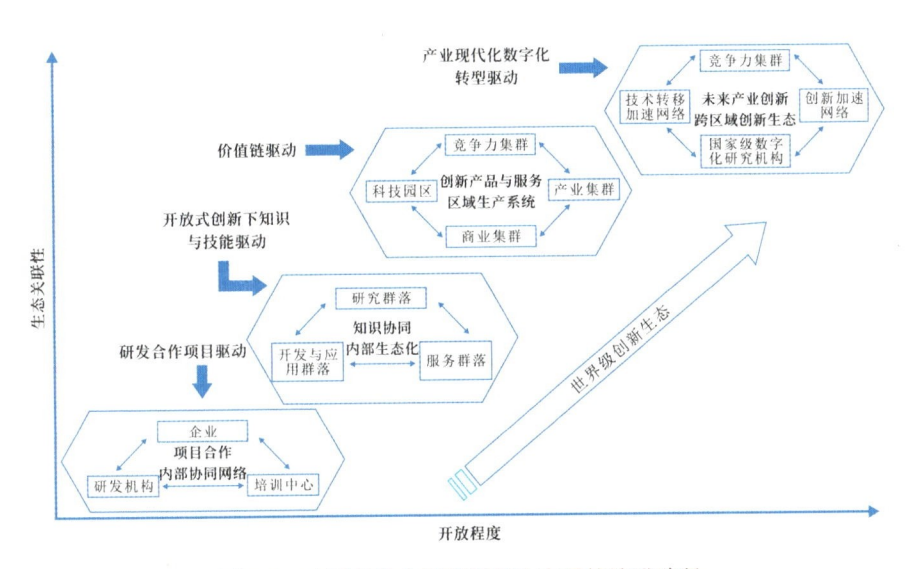

图 6-5　法国竞争力集群创新生态系统演进路径

2. 竞争力集群计划目标导向

法国的竞争力集群分为三个等级，第一等级是具有全球领先竞争优势的产业集群，包括以里昂为中心的生物工程产业集群、以波尔多和图卢兹为中心的航空航天产业集群、以巴黎为中心的医药产业集群和软件产业集群等；第二等级是 9 个"全球使命计划"，其中包括香槟-阿登-皮卡第农业集群，里昂化工、环境产业集群等在全球具有较强竞争力的产业联合体；第三等级是52个"国家使命计划"，包括利穆赞-比利牛斯地区陶瓷产业集群、罗讷-阿尔卑斯-弗朗什孔泰地区塑料加工产业集群等。

作为法国国家创新政策支柱之一，竞争力集群计划已经历4个实施周期约18年（2005～2022年）的实践，为法国成功培育了一批高水平创新型产业集群（表6-2）。目前，该计划已进入第5个实施周期（2023～2026年）。其项目大多数聚焦新兴技术和法国传统优势产业。新兴技术涵盖光电、微电子、智慧城市、人工智能、纳米技术、生物、环境等领域；优势产业涵盖汽车制造、航空航天、核能、化工等领域。企业类成员占比达到90%，其中15%以上的企业具有跨国背景；1欧元的政府直接补贴平均带动2.5欧元的企业研发投入，集群企业研发投入已占集群研发经费总额的46%；对中等规模及大型企业的出口与销售额有明显带动作用。

表6-2 法国竞争力集群计划战略目标及创新网络构建

阶段划分	战略目标	创新网络构建	政府角色
起步阶段（2005～2008年）	集群的大规模组建与集群内外部运行体系构建	基于合作研发项目促进集群内部产学研协同创新网络构建	设计者
快速发展阶段（2009～2012年）	以创新平台建设与知识协同驱动集群创新生态系统的形成	从生态视角通过税费减免、内部技能培训及与外部集群合作，推动构建集群创新生态系统	监督者
成熟阶段（2013～2018年）	加强研发成果的转移与产业化应用，推动研发合作从项目本身向以市场为导向的产品、方法与创新服务转变	积极改善集群内外部沟通环境，侧重构建跨集群、跨区域、跨国际的集群协作网络	陪伴者
卓越发展阶段（2019～2022年）	打造高技术领域欧洲领先的创新生态系统，从而达到提升竞争力集群国际竞争力的目标	服务于构筑未来产业优势的高端生态环境	纽带

3. 竞争力集群计划组织架构

法国总理通过区域发展与竞争力部际委员会直接过问竞争力集群管理事务。在地方政府和区域发展与竞争力部际委员会之间，有地区管理与区域竞争力协调委员会，该机构由140个协调专员组成，这些专员来自各个地区不同公共管理部门，他们作为区域发展与竞争力部际委员会与地方行政管理机构间的桥梁，主要负责竞争力集群政策在地方的顺利落地，协同地方政府帮助集群开展研发项目，并将集群政策实施过程中的问题及时反馈到区域发展与竞争力部际委员会。基于各地区发展基础，依托区域工业、研发、教育及基础设施等优势，汇集大型企业、中小企业、研究机构、教育机构及培训机构组成的特定产业合作伙伴集聚模式，被称为"企业＋实验室"创新模式，由各大区议会下设的经济发展部门或当地工商会组织申报创建，并递交至区域发展与竞争力部际委员会，后者负责组建专家委员会进行项目的招标遴选。法国竞争力集群行政管理框架如图6-6所示。

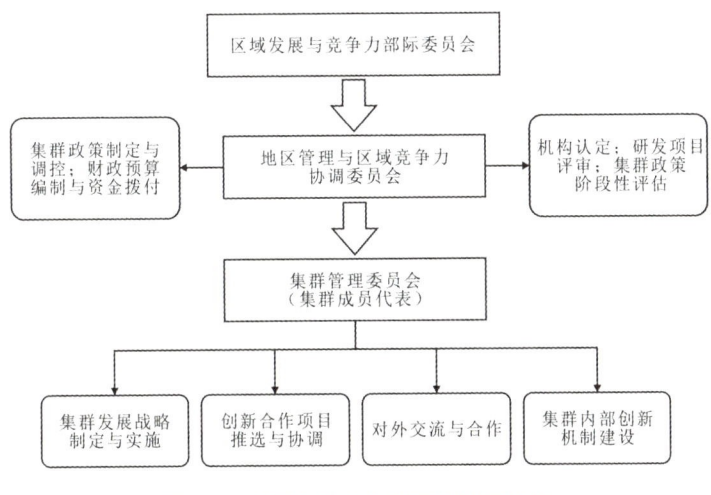

图 6-6 法国竞争力集群行政管理框架

4. 竞争力集群计划运行机制

法国竞争力集群计划大约以3年为一个政策周期，后一周期政策的制定以前一周期的评估结果为依据。法国政府委托国际知名评估机构对其竞争力集群运行情况进行阶段性评估，评估分为两大部分：①对集群政策执行中各级政府机构的效率进行评价；②对每个集群的项目研发与其他创新活动的开展情况进行评价。评估设定6大标准：①获批项目是否与集群既定的研发规划相一致；②创新研发效率；③协同创新程度；④研发资金使用合理性；⑤技术转移与成果转化情况；⑥对地区经济的贡献率。评估结果显示，法国竞争力集群各阶段政策经费落实到位，项目进展良好，产学研成员协同创新积极性较高，集群成员间初步形成良好的创新合作模式。

5. 竞争力集群计划支持措施

（1）**国际化战略引领**。为确保竞争力集群发展轨迹与国家或地区产业发展顶层设计高度契合，且兼具国际化视野，法国政府非常注重使用战略规划性工具。国家层面，积极响应欧盟发起的智慧专业化战略（smart specialization strategy，S3）倡议，要求各地区必须以更加科学、合理的方式编制区域创新规划，以便获得欧盟创新框架下的项目资助。地区层面，要求各地方政府必须编制"经济发展、创新和国际化区域规划（schéma régional de développement economique d'innovation et d'internationalisation，SRDEII）"，以便更好地将集群创新生态纳入其区域创新国际化治理；此外，引入"战略路线图""绩效合同"等战略规划与管理工具，以确保集群战略目标与区域创新发展高度协同。

（2）**多元化配套资助**。法国政府的支持在竞争力集群的发展过程中起到了关键性作用。法国政府主要通过三种形式对竞争力集群项目进行帮扶：①政府研发机构直接参与集群项目研发，向企业间接转让技术和研究成果；②将国家重大研发项目以招标形式向集群开放；③调动财政和社会资金，采取多元化融资方式对竞争力集群企业进行资助。通过单一部际专项基金，在项目征集期间向具有经济价值的、有潜力的研发项目提供财政援助。通过国家创新战略"未来投资计划"进行支持。鼓励国家研究机构、国家投资银行、法国储蓄银行等金融机构共同参与。成立法国国家科研署与法国国家投资银行两个独立的专业化资助机构，负责集群研发项目评价与经费管理。法国竞争力集群财政支持政策见表6-3。

表6-3 法国竞争力集群财政支持政策

资助类型	资金来源	支持方式	项目类型	支持周期
国家专项基金	国家财政	项目招标	基础建设类（创新平台）、联合研发类	两年
财政辅助资金	国家财政	项目匹配	基础建设类（创新平台）、联合研发类	两年
金融资金	国有银行、商业银行	无偿资助或低息贷款	基础建设类（创新平台）、联合研发类	常年
税费减免	国家税收	企业利润税、地产税、个人所得税等	集群内各创新主体及个人	常年

（3）减免企业税费。法国政府规定，竞争力集群项目可享受免除利润税、职业税和地产税的优惠政策。对于在企业从事研究和创新工作的雇员，企业还可以免缴 50% 的社会分摊金。

6.1.6 德国光伏技术创新联盟

1. 联盟功能定位

德国光伏企业的技术水平和创新能力居世界前列。自 2010 年开始，德国光伏技术和产品的优势地位受到严峻挑战。为了维持德国企业在光伏领域的优势，不断提升光伏产品和成套装置的利用效率，在德国政府的推动和支持下，德国主要光伏企业联合成立了光伏技术创新联盟。德国光伏技术创新联盟是德国光伏企业、相关科研机构及大学间并不具有实体性质的、松散的创新联合体，同时也是一个由德国联邦政府（主要是德国联邦教研部、德国联邦环境部）在德国技术战略框架内实施的具有特定目的和支持对象的科研促进计划。研发创新投入的主要方向由企业主导。高校、专业科研机构、太阳能材料及设备生产企业联合开展技术研究、设备开发等产学研联合研发项目，以尽快取得最新技术创新成果，并投入实际生产和应用，提升德国企业在光伏领域的国际竞争力。

2. 联盟目标导向

德国光伏技术创新联盟旨在通过集中整合德国联邦政府在光伏技术领域的资源，引导并促进德国光伏产业整个价值链上的企业加大研发投入，积极联合科研机构和大学开展具有明确市场应用前景的技术创新，并加速创新成果转化成具有市场竞争力的新技术、新产品和新的解决方案。例如，现有产品与生产技术的再创新、新型光伏材料的制备技术、创新的光伏装置结构设计、新的生产技术装备等，通过强化研发投入来保持和提高德国在光伏领域的技术优势和市场领先地位。同时，通过关键技术（如激光技术、等离子镀膜技术）的应用，降低生产成本，提高市场竞争力，并在 5 年内实现太阳能转化效率提高 10%～20% 的目标，以继续占据光伏技术产品性能的制高点。

3. 联盟组织架构

德国联邦教研部、联邦环境部委托于利希研究中心科研项目管理部和德国工程师协会技术中心承担德国光伏技术创新联盟的管理工作，具体承担计划的策划、项目招标、申请受理、项目评审、资金分配、项目监管和项目验收，以及公关宣传等各环节的协调与管理任务，其中德国工程师协会技术中心承担部分与光学技术有关的项目管理。

4. 联盟运行机制

德国光伏技术创新联盟的管理模式、项目申请和立项流程仍然采取德国联邦教研部现有的科研促进计划的管理模式，主要包括计划指南发布、项目初审、项目复审、立项和项目执行及管理5个阶段。为提高项目申请的工作效率，规范和统一项目申请书的内容和格式，可利用于利希研究中心科研项目管理部的网上申报平台，并通过网络咨询或通过学习示范演示软件接受指导。

5. 联盟支持措施

德国光伏技术创新联盟重点支持由企业主导的关于新产品与新技术的联合研发创新项目，特别鼓励和支持中小企业参与，并在项目评审中予以特别关注。研发项目应沿光伏产业的价值链进行规划，所有在德国注册并在德国境内完成大部分产值的企业及大学、大学以外的独立研发机构均可以提出项目申请和资金支持。项目牵头方应由企业担任，而无企业参与、仅在大学和科研机构间进行的研发项目不在支持范围内。

德国联邦政府对研发项目的资金支持一般为无偿的。其中，对企业的支持比例根据所承担的项目内容和接近实际应用的程度不同，最高可以达到50%（企业申请资金支持的前提是自筹资金的比例不得低于项目总投入的50%）。对大学、科研机构及其他类似机构的支持比例可达100%。特别鼓励企业向参与项目的大学和科研机构提供资金支持。作为一般性要求，项目成员联合体自筹经费应占项目总投入的50%以上。对企业的支持还必须符合欧盟关于成员国对企业研发给予支持的一般性规定，其中对中小企业的研发活动有给予差别化补贴的特别条款。

6.2 国外创新联合体的共性特点

美国、日本、德国等发达国家早在20世纪60～70年代就开始探索建立以企业为主体的创新联合体,并取得巨大成效。如日本于1976年设立的超大规模集成电路(VLSI)计划使日本一举成为世界上最大的半导体生产国;德国成立的光伏技术创新联盟使德国的光伏技术得到了长足发展;1984年美国《国家合作研究法案》通过后,美国产业界更是出现了组建技术创新联盟的热潮。其中,1987年成立的半导体制造技术战略联盟(SEMATECH)直接使美国半导体制造在国际上成功实现反超。这些创新联合体自20世纪以来在西方发达国家得到了长足发展,形成了一种由行业企业主导、产学研紧密结合、解决产业发展关键技术、增加技术储备和培养高素质创新人才的新模式,为我国探索建立由企业牵头的创新联合体提供了经验借鉴。综上所述,可以发现国外成功的创新联合体具有以下几个共性特点。

6.2.1 创新联合体普遍由行业龙头企业牵头组建

国外创新联合体普遍由政府发起组织,行业龙头企业牵头主导,并联合国内大学、科研院所及行业上下游企业共同参与组建。例如,美国半导体制造技术战略联盟是由包括IBM、英特尔等在内的14家美国半导体龙头企业与美国国防部共同建立,美国国家实验室、大学卓越中心及联盟成员之外的半导体制造设备企业也参与其中。德国光伏技术创新联盟则是在德国联邦政府的推动和支持下,由德国主要光伏企业牵头发起,高校、专业科研机构、太阳能材料及设备生产企业等联合组建而成的研发联合体。

6.2.2 政府在创新联合体内主要发挥协调引导作用

国外创新联合体的成功是政府和企业紧密合作、职能优化、利益平衡的结果,政府在创新联合体组建过程中主要发挥协调和引导作用,既不"越位"也不"缺位"。如日本 VLSI 计划的项目攻关过程中,通商产业省主要负责协调各方利益,不参与具体的研究攻关,相关决策由 VLSI 研究联合体理事会、运营企划委员会、经营委员会、技术委员会等作出。在德国光伏技术创新联盟的组建和项目实施过程中,德国联邦政府充分发挥创新政策引导与公共科研投入的杠杆作用,带动了产业界 4 倍以上的研发创新投入。美国国防高级研究计划局在 SEMATECH 运营中并不参与具体决策,主要帮助协调 SEMATECH 研究项目与美国国防部其他半导体研发项目间的关系。

6.2.3 创新联合体组织架构明晰、职能分工明确

国外创新联合体均具有明晰的组织架构,拥有共同的发展目标和统一的决策机制、监督机制、激励机制和平等协商机制,并且成员相对固定。比如,美国 SEMATECH 成立了董事会,主要由成员公司的高级管理人员组成,负责制订一般政策及聘请首席执行官;成立了专门的执行技术咨询委员会,负责确定 SEMATECH 内部各项研究、开发和测试活动的优先顺序;还成立了大量特别工作组、委员会和其他团体,负责对 SEMATECH 应对重大问题提出建议和解决方案,如全面质量管理、供应商关系和技术转移等。日本 VLSI 技术研究协会设立了理事会,富士通、日立、三菱、日本电气和东芝五大公司的总裁都被任命为技术研究协会理事,但理事会很少涉及最终决策;理事会下设运营企划委员会,负责协调成员间的工作、处理重大事项;运营企划委员会下设经营委员会和技术委员会,分别负责行政事务和技术研发。此外,日本 VLSI 技术研究协会还通过建立联合实验室和成员企业实验室两种形式展开研究。

6.2.4 建立了以企业投入为主导、政府投入为补充的联合投入机制

国外创新联合体普遍要求企业与政府共同进行研究经费投入。比如,日本 VLSI 计划 1976～1980 年的研究经费总额达 737 亿日元,其中 60%

左右的经费由企业提供，政府补贴约占40%。美国SEMATECH各成员公司每年缴纳的会费占其研究经费总预算的一半，并在成立初期要求所有成员公司和美国政府每年分别提供1亿美元资金。德国光伏技术创新联盟研发项目要求企业自筹资金的比例不得低于项目总投入的一半，同时特别鼓励企业向参与项目的大学和科研机构提供资金支持。

6.2.5　创新联合体普遍关注行业共性技术研发

国外组建创新联合体普遍瞄准本国产业的"卡脖子"技术，解决影响产业链安全和跨行业跨领域的关键共性技术问题。如日本通商产业省推动成立了VLSI联合实验室，主要聚焦于对所有成员都有用的"通用"技术和面向未来的"基础"技术。VLSI计划将15%~20%的研发费用分配到联合实验室，剩下80%~85%的研发经费则分到各公司内部的独立研发机构中。这种安排既保证了企业间在集中攻关上的合作，又促进了企业在应用研究上的竞争。美国SEMATECH的研究内容注重实用性，并把研究重点放在了各成员企业都感兴趣的公共技术和知识领域，同时要求形成的专利要以一定的转让费和专利使用费向所有的美国公司开放。

6.3　借鉴并灵活运用国际先进经验

全球化竞争客观上导致了技术壁垒，由政府组织科技和产业创新力量突破关键核心技术瓶颈并抢占竞争先机，一直是发达国家实现技术领先和主导的重要途径。上述关键核心技术研发攻关组织都有如下几个典型特点：①瞄准本国产业的"卡脖子"技术，解决产业链安全问题；②政府发起组织，企业主导完成；③联合国内大学、科研院所等各类研究开发力量，以及产业链上下游大中小企业共同参与完成；④在实施期间都得到政府科技计划的大力支持，多支持至完成预期任务目标为止。

对创新后发国家来说，在遇到重大技术瓶颈制约、需要攻克产业关键核心技术问题上，仅靠市场力量自发组织研发攻关往往效率较低，甚至根本不可能完成,因此通过政府制定战略并组织建立创新联合体,实施产业关键核心技术创新攻关成为较理想的选择。当前,国际科技产业创新环境正在发生趋势性逆转,我国科技强国建设正处于新形势新征程的跨越性转折当口,企业主导创新联合体承担的历史使命也悄然生变。"十四五"乃至未来较长一段时间,企业主导创新联合体将在面向世界科技前沿、面向经济主战场、面向国家重大需求、面向人民生命健康等方向上肩负更多使命,将在承担国家重大科技项目、助力关键核心技术攻坚、带动创新链产业链融通创新方面实现更多突破。

因此,要充分借鉴发达国家的成功经验,结合国内具体情境,出台相关的政策或管理办法加以引导和推进,走具有中国特色的创新联合体建设之路。

第 7 章

广西创新联合体组建及发展路径与对策

7.1 加快广西创新联合体组建及发展的总体构想

7.1.1 指导思想

以习近平新时代中国特色社会主义思想为指导，全面贯彻落实党的二十大精神，深入贯彻落实习近平总书记关于广西工作论述的重要要求，牢牢把握新时代创新型广西建设方向，以关键核心技术攻关、重大科技项目为牵引，以解决制约构建现代产业体系的关键共性技术问题为目标，以市场机制为纽带，推进构建领军企业牵头、高校院所支撑、各创新主体相互协同、产业链供应链上下融通的创新联合体，为全面提升广西的自主创新能力和产业核心竞争力，奋力谱写中国式现代化广西篇章提供强大科技支撑。

7.1.2 基本原则

（1）**市场导向，企业主体**。坚持市场在资源配置中的决定性作用，充分发挥领军企业的引领作用，协调各主体的创新行为，推动企业、高校和科研院所融通创新，跨学科、跨领域和跨行业合作，形成协同创新生态大格局，推动全产业链共同提升。

（2）**资源整合，开放发展**。有效整合产业链上下游企业的创新资源，加强跨区域、跨领域创新力量优化整合，统筹项目、基地、人才等创新资源布局，激活存量资源，引进优质创新资源，促进创新资源面向产业和企业开放共享。

（3）**协同创新，利益共享**。在成果转化、人才聚集等方面强化改革，加强体制机制创新，形成创新链与产业链相融合的多样化组建模式，构建风险共担、利益共享、多元主体协同的创新共同体。

（4）**统筹协调，分步推进**。发挥统筹协调引导作用，引导企业围绕本行业的重大技术创新问题，推动行业重点领域创新联合体的构建，选择有一定基础的领域进行试点先行，逐步推进，分类指导，分步实施，成熟一个，启动一个。

7.1.3 发展目标

紧紧围绕"开新、扩围、提质"总目标，突出任务型定位，加强体系化建设，支持领军企业、领衔机构牵头等多种形式组建创新联合体，面向重点产业领域"卡脖子"技术及具有先发优势的关键技术开展攻关，推动一批关键核心技术"攻出来"、一批自主可控成果"用起来"、一批重点领域产业"强起来"，打造广西创新联合体升级版。

到 2030 年，优先在制糖、铝、机械装备、新能源汽车、石化化工、新材料、人工智能、深海空天等高精尖产业领域，布局培育 30 个左右具有国内影响力的创新联合体。引育一批具有国际视野的技术与管理复合型人才，攻克一批"卡脖子"技术、关键技术和基础前沿技术，培育一批国内一流的创新型企业，完善产业链创新链，形成具有更强创新力、更高附加值、更优可靠性的产业协同创新生态。

7.2 加快广西创新联合体组建及发展的路径选择

7.2.1 适应大势，加力布局

构建创新联合体是提升科技创新能力的有效举措，对实现高水平科技自立自强意义重大。立足国内国际两个大局，亟待以国家战略目标引导构建创新联合体，以有组织创新模式加快培育发展新质生产力，更好结合有为政府和有效市场，显著提高产业创新能力和国家综合实力。2024年3月，习近平总书记在主持召开新时代推动中部地区崛起座谈会时作出重要部署，要求"构建上下游紧密合作的创新联合体"。2021~2023年，广西"摸着石头过河"，共组建15家创新联合体，在构建创新联合体上迈出坚实步伐，闯出了领军企业牵头、多创新主体参与的协同创新路径，在创新联合体组建管理、打造联合攻关新模式上积累了一定的经验，有条件布局组建更多更具开拓性的创新联合体，也有空间在打造跨区域协同创新机制上大胆探索试验。

7.2.2 携手行动，融通创新

在创新联合体的组建过程中，领军企业作为创意提出者、设计开发者、资源提供者和应用示范者，在成员选择和模式建设上发挥主导作用，能够更好地整合协同各创新主体，引领中小企业在关键技术研发和新产品开发方面进行合作创新。通过大中小企业之间的融通创新，可以充分利用大企业在研发实力、市场占有率和品牌价值上的明显优势，同时也能有效激发中小企业在创新反应速度和低成本试错方面的独特优势。这种合作模式有助于集中和整合创新资源，从而在更广泛的范围和更深入的层次上形成开放和协同的创新环境，实现资源要素的集约高效配置，加速创新链产业链融合发展。

7.2.3 抱团发力，创新突围

科技创新是复杂的系统性工程，单打独斗不行，故步自封不行，只有企业、人才、院校、平台等主体强强联手、融合共进，才能提升发展的韧劲和质量。创新联合体将高校院所、国有企业、民营企业等各类创新主体紧密地联系在一起，形成一个高效互动、紧密合作的创新生态系统，在研发端实现资源共享，将原来拼盘式、补丁式的围绕产业链布局创新链的延链、补链、强链手段调整为对产业链基础创新能力的全面整合再造，再通过在成果端实现利益共享，完成产业链上下游抱团发展，逐步形成"抱团发力，创新突围"的良好生态。这种"抱团"合作模式能够充分发挥各类创新主体的优势，形成合力，共同推进从基础研究到产业化的全链条创新。这不仅能提高创新效率，也能促进创新成果的转化和应用。面对新一轮科技革命和激烈的产业竞争，广西要持续深化科技体制改革，充分发挥领军企业的主导作用，将分散在产业链和各行业、部门的创新主体紧密联结，加快构建上下游企业紧密合作的创新联合体，形成目标一致、协同攻关、创新能力强、成果产出高的创新体系，培育发展新质生产力，为高质量发展和持续向上突围提供强大科技支撑。

7.3 加快广西创新联合体组建及发展的对策建议

要破解当前广西创新联合体"联而不合"的困局，关键在于打破科技创新各主体间的壁垒，将各创新主体有机联结在一起，将分散的创新资源和创新要素串联起来，形成目标明确、相互协同、内生动力强、创新效率高、创新成果迸发的体制机制，做大创新联合体，做优"生态圈"。借鉴一些先进省（区、市）的做法经验，本书提出以下7点建议。

7.3.1 明晰权益分配，健全利益分配与知识产权保护机制

只有了解企业、高校、科研院所等创新主体的利益诉求，统筹好各方的责任分担，才能有效调动各方面各层次的积极性、主动性，激发创新动力、活力，保障各参与主体的合法权益。①以技术知识转移为基础建立合理统一的知识管理目标，制定明确的创新合作契约规定各主体的权利与义务、职责与收益，以具有法律约束力的文字材料明确规定组织内部各方需投入的资源和知识产权归属与使用的问题，避免后续发生知识产权冲突。②建立知识产权共享机制，明确在创新联合体运行期间形成的知识产权、关键技术等归创新联合体成员单位共享，可以一定的转让费和专利使用费向创新联合体外单位开放。③建立利益共享机制，围绕共同目标，打破资源差

异性限制，根据各成员的分工定位，建立科学有效的利益分配、责任分担、风险承担机制，形成合理的收益分配结构和风险共担方式，促进各类资源充分流动和共享，推动各成员从浅层合作向深度融合转变。针对创新联合体各成员单位存在规模大小、实力强弱的实际情况，明确分配标准，鼓励创新联合体不同主体间利用股权投资、项目投资等多种方式共同出资，组建创新联合体发展基金，促使创新联合体内各参与主体能够最大限度地利用优势资源、协同攻关。④引导创新联合体建立知识产权风险防范与纠纷解决机制，将投机、毁约等行为纳入行业信用监管范畴。

7.3.2 培育领军企业，提升领军企业引领带动能力

领军企业具有高端创新资源富集、科研设备先进、市场占有率高、引领行业科技前沿等优势，是科技创新的骨干和中坚，在创新联合体中发挥着主导和关键作用。领军企业联合高校、科研院所和中小企业共建创新联合体，不仅有助于在技术上取得创新突破，还可以通过协同创新，带动上下游企业不断提升创新能力和产业链运营能力，引领更多中小企业成长为隐形冠军企业，为形成高效强大的共性技术供给体系提供有力支撑。要针对领军企业数量少、带动能力弱、联结不紧密等问题，紧跟科技前沿和战略需要，结合广西实际，加快培育一批高水平领军企业。①培育领军企业和链主企业，对牵头组建广西创新联合体的龙头企业，由自治区、市两级联动"一事一议"予以支持。建立完善企业"出题-答题"机制，在知识产权、研发投入、中试转化、示范应用等方面出台鼓励企业参与构建创新联合体的支持政策。鼓励其参与广西科技计划项目指南前期选题征集，支持其组建的创新联合体承担广西科技"尖锋"项目，以增强龙头企业的带动性。②开展产业链融通发展共链行动，支持有条件的科技领军企业开放创新链、供应链资源，鼓励下游企业对符合条件和要求的成果进行采购，率先示范使用，并在所属的行业产业推广应用，构建各类创新主体相互依存、共同发展的良好生态。③引导创新联合体牵头单位依据科技攻关任务变化情况，及时吸收、调整联合体成员，确保以最优力量、最高效率、最高质量完成关键核心技术攻关任务。

7.3.3　激发内在动力，构建有效激励引导体制机制

创新联合体成员类型多样、资源禀赋各异，需要更加灵活、高效的机制来整合配置人才、技术、资金、信息等创新要素，解决信息不对称、协同效应弱等问题。要通过体制机制创新，进一步增强创新的联动性，吸引更多专精特新企业参与，实现资源优势互补、合作信任、利益共享，推动创新联合体持续向新向强发展。①深化科研体制机制改革，建议将创新联合体作为深化广西科技体制机制改革的试验田，在成果转化、人员激励、科研评价等方面开展政策先行先试，推行经费包干制、科研绩效奖励制等科研项目组织管理方式，对参与重要创新联合体研究任务、作出突出贡献的科研人员，在职称评聘中给予倾斜。对国有企业参与创新联合体的研发投入，在经营考核中视同利润加回，对于取得重大科技成果的国有企业在年度考核中给予加分奖励。聚焦研发、生产、销售环节，建立"技术攻关—成果转化—产业孵化—产业培育"全链条政策支持体系，通过财税优惠、信贷支持、创新奖励、购买服务等方式，鼓励和支持企业发挥主导作用，培养一批高端科技人才，推动一批高水平成果转化落地。②建立绩效创新导向的成果评价机制。坚持质量、绩效、贡献为核心的评价导向，研究制定符合广西创新联合体建设发展规律的评价指标体系，突出成果创新水平、转化应用绩效和对经济社会发展的实际贡献，对组建已满 3 年的创新联合体开展绩效评价。对于评价为优秀的创新联合体，可适当加大财政资助力度；对于给予相关政策或资金支持但评价不达标的创新联合体，要求按照有关管理办法整改或追回资金。③强化创新联合体运行和诚信监管，重点监督财政资金使用的合规性，以及是否偏离创新联合体章程确定的运行机制，创新联合体建设的信用信息纳入自治区科技厅科研信用记录管理，对违规失范、高投低效的机构启动退出机制。④积极探索股权式创新联合体的共建路径，努力打通社会资本、风险投资等市场化融资渠道，鼓励以股权投入、项目投入、技术投入等多种方式参建创新联合体。

7.3.4 强化项目牵引，加大创新联合体政策供给

实现从拼盘式、补丁式延链补链向全面整合再造跨越是一个复杂而系统的过程，需要政府、企业、科研机构等多方共同努力，加大创新联合体政策供给。①加大项目支持，在广西科技重大专项中设立针对创新联合体的专项，科学确定联合攻关项目，定向委托创新联合体承接，优先支持创新联合体申报国家和广西重大专项项目，以科技攻关项目为纽带调动各成员单位协同创新的积极性。②加大资金配套补助，列入自治区级创新联合体的，连续三年按创新联合体实际投入的35%，每年给予不超过300万元的财政补助，引导国家开发银行等政策性银行信贷资金支持创新联合体建设，鼓励创新联合体通过技术转让、技术服务或其他方式筹措建设经费。③凝聚政策支持合力，建议自治区发展和改革委员会、工业和信息化厅、人力资源和社会保障厅等部门在科技创新人才选拔培育及引进、科研基础设施建设、重大科技研发专项、重大创新平台建设等方面，按有关规定委托创新联合体承接，使各类创新资源重点向创新联合体倾斜，形成政策支持合力。针对不同市（县）在人才职称评定、机构评级等方面存在的标准差异问题，积极推动创新主体和科研机构跨区域资质互认、标准统一，优化人才、技术、资本市场配置机制，形成有效遵循市场规律与发展逻辑的创新协作，持续推动创新联合体做大做强。

7.3.5 开展绩效评价，形成科学系统的奖罚规则

绩效评价是创新联合体建设和管理的重要环节。通过构建科学、合理的评价指标体系，可以对创新联合体的创新能力、协同效率、经济效益等多方面进行客观评价，从而发现存在的问题和不足，为优化创新联合体的运行机制和促进创新发展提供有力支持。建议创新联合体绩效评价分为通过、暂缓通过、不通过三个等次：得分在70分及以上，且5项指标分值等级均为B以上的，绩效评估通过；得分为50~69分的，暂缓通过绩效评估，可在下一年度重新申请绩效评估，如再不能通过绩效评估，则取消试点资格；得分低于50分的，绩效评估不通过，取消试点资格。

7.3.6 加强人才引育，为创新联合体提供智力支撑

科技创新本质是人的创造性活动，人才资源是国家发展的第一资源，也是创新活动中最为活跃、最为积极的因素。因此，要实施更加积极、更加开放、更加有效的人才政策，完善人才培养、使用、评价、服务、支持、激励全链条体制机制，夯实创新联合体发展的人才根基。①推动高校、科研院所优化学科专业布局，及时合理地设置交叉学科、新兴学科并调整专业结构，以国家重大科研项目和重大工程、前沿科学中心和集成攻关平台等科研基地、国际学术交流合作项目为依托，加强面向行业重大技术需求的人才培养。②引导和鼓励高校、科研院所建立紧密对接产业链、创新链、供应链的学科专业体系，鼓励高校、科研院所的硕士、博士研究生和博士后研究人员深入企业和产业一线开展课题研究，把解决企业技术难题和培养后备队伍充分结合起来，促进学科发展与产业培育的协同运转。③鼓励校企合作建立未来技术学院、创新创业实践基地等，增强创业意识和创新创业能力，培养具有企业家、创业家精神的创新创业复合型人才。④加大人才引育支持，组织实施好广西杰出人才培养项目、八桂学者项目、八桂青年拔尖人才培养项目等自治区重大人才项目，支持创新联合体申报"带土移植"人才引育广西科技计划项目,将国内外高端人才连同其团队、项目、技术等多种创新要素整体引进，与高层次科技人才团队联合开展技术攻关、转化科技成果等。支持创新联合体与国内知名高校联合培养企业应用型专业技术人才，提高企业自主培养人才质量。支持龙头企业核心技术人员参与南宁市高层次人才认定，给予人才落户、住房限购、子女教育、交通出行等优惠扶持。

7.3.7 多链深度融合，加速科技成果转化

创新联合体是推动科技创新与产业创新深度融合的重要途径，体现了培育发展新质生产力的内在要求。因此，要围绕产业链部署创新链，将科技创新成果应用到具体产业链上，以搭建创新平台、联合共建实验室、技术入股等多种方式为抓手，聚焦创新链的开发研究、中间试验、产业化等

环节，推动产业链上下游企业、高校与科研院所联合创新。增强资金链的催化剂功能，促进"科技—产业—金融"高水平循环。健全科技金融服务体系，推动资本市场各类要素资源向创新联合体集聚，构建多元化资金供给体系。强化科技人才的支撑作用，依托创新联合体实现教育、科技、人才一体化建设，打造适应新质生产力发展的人才队伍。发挥战略科学家、一流科技领军人才和高水平科研团队对创新联合体的引领作用，推动各类创新人才融入科技成果转化全链条。此外，要促进数据要素与传统生产力融合，发挥数据要素的乘数效应，推进科技成果转化中试平台建设，着力打通科技成果向新质生产力转化"最后一公里"。

参考文献

白京羽，刘中全，王颖婕，2020. 基于博弈论的创新联合体动力机制研究[J]. 科研管理，41（10）：105-113.

曹纯斌，赵琦，2022. 创新联合体组建路径与推进模式探析[J]. 科技中国（3）：26-29.

陈劲，尹西明，梅亮，2017. 整合式创新：基于东方智慧的新兴创新范式[J]. 技术经济，36（12）：1-10.

陈晶，2022. 苏州引导企业牵头组建创新联合体的路径[J]. 江南论坛（3）：47-50.

邸晓燕，张赤东，2011. 产业技术创新战略联盟的性质、分类与政府支持[J]. 科技进步与对策，28（9）：59-64.

李晨蕾，柳卸林，朱丽，2017. 国际研发联盟网络结构对企业创新绩效的影响研究：基于社会资本视角[J]. 科学学与科学技术管理，38（1）：52-61.

李新男，2011. 深入实施国家技术创新工程 加快产业技术创新战略联盟建设[J]. 中国科技产业（1）：38-39.

刘戒骄，方莹莹，王文娜，2021. 科技创新新型举国体制:实践逻辑与关键要义[J]. 北京工业大学学报（社会科学版），21（5）：89-101.

刘元芳，陈衍泰，余建星，2006. 中国企业技术联盟中创新网络与创新绩效的关系分析：来自江浙沪闽企业的实证研究[J]. 科学学与科学技术管理（8）：72-79.

马宗国，2013. 开放式创新下研究联合体运行机制研究[J]. 科技进步与对策，30（4）：8-12.

马宗国，蒋依晓，2023. 研究联合体驱动国家自主创新示范区产业转型升级的演进过程及作用机理[J]. 中国科技论坛（12）：96-105.

潘东华，孙晨，2013. 产业技术创新战略联盟创新绩效评价[J]. 科研管理，34（S1）：296-301.

沈灏，李垣，2010. 联盟关系、环境动态性对创新绩效的影响研究[J]. 科研管理，

31（1）：77-85.

吴庆平，田莲子，龚艳冰，2014. 研究联合体形成的博弈分析：基于利益驱动的视角[J]. 管理现代化，34（5）：108-110.

肖自强，王愿华，2021. 南京支持企业组建创新联合体的路径初探[J]. 安徽科技（9）：22-24.

许箫迪，王子龙，2005. 基于战略联盟的企业协同创新模型研究[J]. 科学管理研究，23（6）：12-15.

喻金田，胡春华，2015. 技术联盟协同创新的合作伙伴选择研究[J]. 科学管理研究，33（1）：13-16.

张赤东，彭晓艺，2021. 创新联合体的概念界定与政策内涵[J]. 科技中国（6）：5-9.

张红娟，谭劲松，2014. 联盟网络与企业创新绩效：跨层次分析[J]. 管理世界（3）：163-169.

张辉，马宗国，2020. 国家自主创新示范区创新生态系统升级路径研究：基于研究联合体视角[J]. 宏观经济研究（6）：89-101.

张力，2011. 产学研协同创新的战略意义和政策走向[J]. 教育研究，32（7）：18-21.

张明，2010. 产学研战略联盟发展现状与对策研究[J]. 科技管理研究，30（16）：116-119.

张仁开，2022. 上海支持企业牵头组建创新联合体的思路及建议[J]. 科技中国（5）：12-16.

张晓，盛建新，林洪，2009. 我国产业技术创新战略联盟的组建机制[J]. 科技进步与对策，26（20）：52-54.

支含年，吴洁，盛永祥，等，2024. 创新联合体主体融通创新激励机制研究[J]. 科技与经济，37（2）：36-40.

周青，邹凡，何铮，2017. 生命周期视角下产业技术创新战略联盟冲突影响因素演变研究[J]. 科技进步与对策，34（4）：66-71.

周正，尹玲娜，蔡兵，2013. 我国产学研协同创新动力机制研究[J]. 软科学，27（7）：52-56.

附录1

广西壮族自治区创新联合体管理办法

(桂科规字〔2024〕9号)

第一章 总则

第一条 为贯彻落实习近平总书记关于科技创新的重要论述，聚焦广西高质量发展重大任务，推动各类创新要素向企业集聚，建立以企业为主体、市场为导向、产学研深度融合的技术创新体系，集聚力量进行原创性引领性科技攻关，根据《中华人民共和国科学技术进步法》《广西壮族自治区科技创新条例》和自治区党委、政府关于加快推进组建创新联合体的部署要求，结合我区实际，制定本办法。

第二条 本办法所称的创新联合体是指按照自愿和市场化原则，由创新资源整合能力强的行业龙头骨干企业牵头，整合产业链上下游企业，联合高等学校、科研院所共同参与的体系化、任务型的创新合作组织。

第三条 广西壮族自治区科学技术厅（以下简称自治区科技厅）负责自治区创新联合体的认定和管理工作。

第二章 组建

第四条 自治区创新联合体的组建应遵循以下原则：

（一）**坚持政府引导**。创新政府管理方式，坚持"统筹规划、合理布局、优胜劣汰"的原则，发挥统筹协调引导作用，引导企业围绕本行业的重大技术创新问题，推动行业重点领域创新联合体的构建，选择有一定基础的领域进行试点先行，逐步推进，分类指导，分步实施。强化支持举措，实施动态进入退出机制,营造良好的政策环境。

（二）**坚持企业主导**。聚焦重大产业场景,持续强化企业科技创新主体地位,发挥企业"出题人""阅卷人""答题人"作用,支持开展以企业为主导多方参与的产学研合作,通过场景整合市场需求驱动和使命驱动,牵引创新链产业链深度融合,推动大中小企业融通创新。

（三）**坚持科技与产业融合**。创新联合体要紧紧围绕产业链部署创新链、围绕创新链布局产业链,重点聚焦经济社会发展迫切需求和我区传统特色优势产业、战略性新兴产业、未来产业等领域进行布局,组建领域按照自上而下、自下而上相结合的方式确定。要坚持研究方向"唯一性、特色性、引领性"的原则,不断加强产业关键核心技术研发和成果转化,努力实现高水平科技自立自强。

（四）**坚持市场导向**。立足企业创新发展的内在要求和参与各方的共同利益,坚持自愿原则,通过平等协商,签订有法律效力的创新联合体组建协议,对创新联合体成员单位形成有效的行为约束和利益保护。

第五条　自治区创新联合体应当具备以下基本条件：

（一）创新联合体由企业、高等学校、科研院所、技术转移机构或其他组织机构等2类及以上的多个单位组成。

（二）牵头单位应具备的条件：

1. 具备独立法人资格,内控制度健全完善,主要办公和研发场所在广西壮族自治区内的科技型企业,具备较强的行业影响力,能够集聚产业链上下游企业、高等学校和科研院所等创新资源,支撑和引领产业发展,年主营业务收入原则上应达到10亿元以上。

2. 研发实力雄厚,有专职研发团队,专职研发人员原则上应达到30人以上,与高等学校、科研院所及科学家团队有良好的合作基础。建有省部级及以上实验室、重点实验室、工程（技术）研究中心、技术创新中心、企业技术中心等创新平台。

3. 创新型企业特征明显,有足够的前沿技术识别能力和较强的辐射带动作用,能够发现并抓住产业变革中的创新机会,支撑和引领产业发展。其中,企业近三个会计年度（实际经营期不满三年的按实际经营时间计算）的年均研究开发费用总额不低于3000万元或占同期销售收入总额的比例原则上不低于3%。

4. 能够发起、组织高水平学术交流、为行业提供技术服务、国际合作、成果转移转化等活动，促进创新链产业链融合发展，提升全产业链专业化协作水平和产业集群整体创新能力。

5. 原则上一个牵头单位仅限牵头组建一个创新联合体。牵头单位是创新联合体的责任单位，对创新联合体的建设、运营和管理负总责。

（三）参与单位应具备的条件：

1. 参与单位应与牵头企业在技术研发、成果转化、标准制定、国际合作、品牌建设等方面具备合作基础，并达成合作意愿。按照在创新联合体内的功能定位，分为核心层单位、紧密合作单位和一般协作层单位。其中"核心层单位"指具备较强的科研能力，能与牵头单位在创新联合体方向上有紧密的技术合作或产业链联系的单位；"紧密合作单位"指与牵头企业有较强的技术合作或产业链联系，可参与创新联合体的关键技术研发和创新成果转化，推进研发成果产业化进程的单位；"一般协作层单位"指其他的创新要素和创新主体，可延伸至产业链上下游，促进创新资源优化配置。

2. 企业作为创新联合体成员单位的，应处于本产业链中，具备一定的研发和技术配套能力，能够与其他团队成员有效互补。

3. 高等学校、科研院所作为创新联合体成员单位的，应在相关学科专业领域内拥有创新能力较强的研究团队，具备良好的科研实验条件。

4. 技术研发、成果转移转化、检验检测、科技咨询、科技金融、科技服务等相关机构作为创新联合体成员单位的，应有相应的专业技术服务能力，能够对创新联合体建设起到助力作用。

5. 原则上一个成员单位至多参与3个创新联合体的组建。

（四）自治区创新联合体应设立以下运行制度：

1. 决策议事机构。负责研究审议创新联合体拟定的重大政策及发展中遇到的重大事项，决定创新联合体技术发展方向与重点工作任务等。

2. 技术咨询机构。由来自成员单位的领军人才以及从外部特聘的技术、经济和管理专家组成，具体负责创新联合体技术发展方向与重点研发项目的咨询与审核。建立首席科学家制度，由领军企业的技术负责人或本领域高层次人才担任，首席科学家在项目研究方向上拥有决定权，在科研经费及人员选聘上有管理权。

3. 常设执行机构。根据创新联合体发展需要设立相应的专业工作组，应配备必要的工作人员，负责开展日常工作。

4. 研发投入及经费管理制度。制定创新联合体研发投入要求及研发经费管理办法，建立经费使用的内部监督机制。创新联合体可委托常设机构的依托单位管理经费，政府资助经费的使用要按照相关规定执行，并接受有关部门的监督。

5. 利益保障制度。应明确创新联合体收益（含知识产权）的范围，约定创新联合体收益的归属、使用和分配原则，保护创新联合体成员的合法权益。要加强财源意识和绩效理念，提高创新联合体项目投入产出效益，促进产业高质量发展。

6. 开放发展制度。根据发展需要及时吸收新成员，并积极开展与外部组织的交流与合作。创新联合体要建立成果转化机制，对承担政府资助项目形成的成果有向创新联合体外转化的义务。

第六条 自治区创新联合体认定工作应遵循以下程序：

（一）牵头单位按照申报通知要求，组织符合本办法第五条申报条件的单位组成创新联合体，填写自治区创新联合体认定申请表、组建协议及有关附件材料，向本单位注册地所在设区市科技局或者所属行业自治区主管部门审核推荐，签署审核意见后报自治区科技厅。

（二）自治区科技厅对申报材料进行形式审查，组织专家或委托第三方机构进行评审，根据评审情况和广西发展需要择优组建，经公示等程序后认定为"自治区创新联合体"。

第七条 自治区创新联合体承担的主要目标任务：

（一）**组织重大关键核心技术攻关**。凝练本产业领域的重大科学问题清单、关键核心技术攻关清单，组织优势创新力量协同开展战略研究、基础研究、技术攻关，破解制约产业发展的关键共性、基础底层等"卡脖子"难题，抢占前沿技术制高点。建立常态化高效的研发攻关机制，积极承担自治区科技项目，组织实施创新联合体内部科研项目，力争攻克一批重大创新难题，转移转化一批科技成果，加快发展新质生产力。

（二）**共建共享科技创新平台**。协调创新联合体内各方科技资源，共同建设科技研发、检验检测、咨询培训等服务平台，为成员单位提供高质量专业服务，实现创新资源的共享和有效利用。

（三）**服务区域创新协同发展**。鼓励推动成员单位对接国际、国内的创新资源，开展国际、国内科技合作，组织技术推广、技术培训、学术交流等活动，助推区域内产业链和创新链深度融合，增强区域创新发展能力。

（四）促进科技成果转移转化。引导创新联合体内企业、高等学校、科研院所等创新主体加强互动，推动重大技术创新成果示范应用与产业化。建设科技成果转化中试平台，加快推进高等学校、科研院所研究成果的二次开发和中试熟化。共同搭建创业孵化平台和产业化基地，促进科技成果产业化发展，提升科技成果商业化运用效率。

（五）培育形成自主知识产权和技术标准。创造、运用和保护自主知识产权，探索构建专利池；鼓励参与相关技术标准的制订或修订工作，推动自主专利纳入行业、国家或国际标准，形成标准必要专利，有效占领控制产业发展制高点。

（六）积极优化人才培养模式。坚持"带土移植""厚土培植"，开展多种形式的合作，引进培养一批科技领军人才和科技创新团队，加强具有先进理念和创新思维的管理人才和技术人才队伍建设，注重培养综合型技术经纪人队伍，着力促进创新联合体内科技人员交流互动，为创新联合体单位提供人才支撑。

（七）推动科学普及与科技创新协同发展。创新联合体内成员单位应加大科普投入，促进科学普及与科技研发、产品推广、创新创业、技能培训等有机结合。在符合安全保密规定的前提下，及时向公众普及科学新发现和技术创新成果，引导社会重视和使用科技成果。

第八条 对自治区党委、政府重点扶持且广西产业发展急需的，或符合本办法第五条第（二）要求且近三个会计年度（实际经营期不满三年的按实际经营时间计算）的年均研究开发费用总额超过10000万元的（以自治区统计局认定数为准）的牵头单位，可以按照"一事一议"原则，向自治区科技厅申请牵头组建自治区创新联合体。

组建认定程序采取"论证制"，论证专家从自治区重大项目指南编制专家中遴选产生，以会评答辩形式开展，重点从创新联合体组建方向的合理性、牵头单位的基础和能力、组建的可行性、预期成效等方面进行综合质询和判定，形成综合论证意见。

第三章　支持措施

第九条　自治区创新联合体可享受以下政策支持措施：

（一）科技项目支持

1. 鼓励支持创新联合体申报广西科技计划项目、中央引导地方科技发展资金项目。其中，绩效评估结果为"优秀"和"良好"的创新联合体，同等条件下予以优先支持。

2. 鼓励创新联合体承担自治区科技发展战略研究专项，参与相关产业战略规划制定，重大科技计划指南编制等工作。

3. 鼓励创新联合体培育构建自主知识产权体系，参与相关技术标准制定或修订工作。

（二）平台建设支持

1. 支持创新联合体内形成稳定合作关系的成员单位组建或参与建设自治区实验室、重点实验室、技术创新中心、新型研发机构、成果转化中试基地等创新平台。

2. 对创新联合体内部产生的创新创业载体，支持认定为自治区级众创空间、孵化器，享受相应支持政策。

（三）人才政策支持

1. 对牵头企业和核心层单位拟引进的科技领军人才、优秀青年科技人才和创新团队，纳入广西急需紧缺高层次人才引进专项予以重点支持，实行"一事一议、一人一策"人才引进绿色通道机制。

2. 牵头企业科技创新团队和高层次人才申报广西人才小高地项目、自治区特聘专家项目、八桂青年拔尖人才培养项目的，在同等条件下予以优先支持。

3. 对牵头企业和核心层单位引进的急需紧缺高层次人才，可根据国家和自治区的规定，通过实行年薪制、协议工资制和发放人才专项津贴等方式，结合实际自主确定其薪酬水平。高等学校、科研院所等事业单位引进的人才，其薪酬计入本单位绩效工资总量管理，但不受单位核定绩效工资总量或控高线限制。国有企业引进的人才，可按照国家关于国有企业重大科技创新薪酬分配激励政策有关高层次人才薪酬激励的规定，给予一定比例的工资总额支持。

4. 对核心层单位（事业单位）围绕创新联合体技术攻关方向引进的科技创新人才，单位有空编的，可按照有关政策规定进行聘用，纳入编制管理；单位已满编的，可按有关政策及程序规定采取先进后出的办法予以过渡，先进后出有特殊困难的，可按程序报批，据实增加编制；可按规定申请使用自治区高层次人才专项编，予以优先保障。

（四）科技服务支持

1. 鼓励社会资本利用股权投资、项目投资等多种形式参与创新联合体建设。对运行良好的创新联合体，其成员单位有融资需求的，自治区科技厅择优向金融机构推荐。

2. 自治区科技厅根据创新联合体运营发展需求，在创新联合体内，试点开展科技成果转化、人才活力激发、体制机制创新，着力破解产学研融合中遇到的各种障碍。

第四章　管理评估

第十条　自治区科技厅负责研究制定自治区创新联合体发展规划和政策，组织开展自治区创新联合体申报认定、监督管理与绩效评估等工作，协调解决建设和发展过程中遇到的重大问题，会同设区市科技局负责组织开展创新联合体的管理和考核评估工作。

第十一条　设区市科技局或行业主管部门负责本地、本领域创新联合体的培育工作，负责对创新联合体申报单位进行审核推荐，并采取政策措施支持本地创新联合体建设运行。协助自治区科技厅做好日常管理工作。

第十二条　经认定的自治区创新联合体，要建立年报制度，应当在每年 12 月 31 日前向推荐单位和自治区科技厅报送本年度的总结和下一年度工作计划，包括内部制度建设情况、核心技术攻关、创新平台设置实施情况，承担市场化成果转化或企业孵化情况，新技术、新产品应用推广情况等，并提出当前存在的问题和需要政府部门协调解决的事项。推荐单位和自治区科技厅根据实际情况，按职能积极帮助协调解决有关事项，对自治区创新联合体建设发展效果不好的加强督促指导。要建立重大事项随时报告制度。对创新联合体发生变化的重大事项，应在事后 1 个月内以书面形式向自治区科技厅报告，经自治区科技厅同意后，维持认定资格不变。因客观原因确需变更创新联合体牵头单位或承担攻关任务主要成员单位的，按科技计划项目管理相关规定执行。对于有新的关键技术攻关需求，且能落实项目任务来源的创新联合体，按需调整成员单位，签署补充协议后继续运行。

第十三条 自治区创新联合体内单位或个人有下列情况之一的，取消自治区创新联合体认定，存在违规情况的，按照相关规定处理：

（一）发生重大变更后不具备创新联合体基本条件的（包括不按要求报告重大变更或重大变更审核不通过）；

（二）不按期参加（含中途退出）评估或评估等次为"撤销"的；

（三）提供虚假申报材料经核实影响评价结果的；

（四）在科研诚信系统中有失信行为记录且仍在惩戒期内的；

（五）机构法人资格被依法终止的；

（六）不按要求配合科学技术行政部门统计调查的；

（七）造成严重社会负面影响的；

（八）法律、法规、规章规定的其他应予以撤销情形的。

第十四条 经认定的自治区创新联合体每 3 年开展一次综合评估考核（以下简称评估），其中，开放运行满 3 年的，必须参与评估。开放运行时间为获得认定起始时间至评估通知发布之日。评估内容包括但不限于创新联合体承担的科技计划项目执行情况、财政资金预算绩效、内部日常管理、成员单位合作情况等方面，重点评估周期内产生的成果，所有成果仅能使用一次。必要时进行实地检查。

评估等次分为"优秀"、"良好"、"合格"、"整改"、"撤销"五个等次。等次为"优秀"的，给予公开通报表扬并在自治区科技计划项目专项中择优给予科研项目支持。评估等次为"整改"的，在评估等次公布后认真组织实施整改，限 1 年的整改期，到期后重新组织验收。验收通过，则保留自治区创新联合体资格；验收不通过，则取消自治区创新联合体资格。对评估结果为"撤销"等次的将直接取消其认定。无正当理由不参加评估或中途退出评估的，视为自动放弃自治区创新联合体资格。

第五章　附则

第十五条　本办法由自治区科技厅负责解释。

第十六条　本办法自发布之日起实施。《广西壮族自治区创新联合体建设管理工作方案（试行）》（桂科政字〔2021〕112号）同时废止。

附录2

广西壮族自治区创新联合体组建申请表

创新联合体名称			
联合体协议生效时间	年 月 日	产业领域	
联合体牵头单位			
联合体核心高校			
联合体核心科研院所			
联合体内已建相关国家级各类创新平台数量		联合体内已建相关自治区级各类创新平台数量	
联系人		联系方式	
成员总数（个）		企业数量（个）	
高等学校数量（个）		研究机构数量（个）	
一、联合体组建的必要性和可行性（限500字）			

二、技术创新目标（限500字）

三、科研团队情况

序号	姓名	年龄	职务/职称	从事专业	工作单位

四、联合体已建自治区级及以上创新平台数量[含重点实验室、工程（技术）研究中心、企业技术创新中心等各类创新平台]

序号	平台名称	学科/产业领域	国家/自治区级	建设时间	依托单位

五、成员单位在行业（或领域）中的地位的简要说明

序号	成员单位名称	统一社会信用代码	在行业（或领域）中的地位（限200字）	在联合体内分工（限200字）

六、联合体已具备的合作基础、开展活动和取得的实效

牵头单位意见
（盖章） 年　月　日

推荐单位审核意见
（盖章） 年　月　日

广西壮族自治区科技厅审核意见
（盖章） 　　　　　　　　　　　　　　　　　　　　　　年　　月　　日

附件清单

序号	附件类型	附件说明
1	（牵头单位）近3个会计年度（实际经营期不满3年的按实际经营时间计算）的财务审计报告。	报告内容需明确该年度机构研发投入、科技服务收入及总收入的数据，研发和科技服务收入占总收入比例，研发投入占总收入比例。
2	（各单位）研发人员（含兼职科研人员）和管理人员清单。	含姓名、证件类型、证件号码、年龄、学历、专业、职称、工作岗位等信息。
3	（各单位）具备的科研仪器设备清单。	包括设备和软件的名称、数量、原值总价、购置年份等信息。
4	（各单位）近3年建有自治区级及以上重点实验室、工程（技术）研究中心、技术创新中心、企业技术中心等创新平台清单。	包括平台名称、依托单位、所属产业集群、所在地市、认定部门、认定时间等信息。
5	（各单位）近3年承担的牵头承担国家、自治区级科技计划项目或承担行业相关的国家、自治区级应用研究、关键共性技术攻关等科研项目清单。	包括项目名称、项目下达部门、合同编号、合作或委托单位、金额、起止时间、项目状态（已完成/未完成）、立项材料或项目合同复印件等信息。
6	（各单位）近3年拥有自治区级及以上科技获奖成果清单。	自治区级及以上科技获奖成果清单。
7	（各单位）机构章程和管理制度情况。	包括执行机构设置、经费管理制度、内部监督机制等。
8	（各单位）近3年科技成果产出和转化清单。	包括成果名称、成果形式、成果登记时间、转化方式、转化收入及技术交易合同等相关材料。
9	其他。	科技成果证明、科研能力证明、以及其他认为必要的佐证材料。

附录3

广西壮族自治区创新联合体组建协议

创新联合体名称：
产业领域：
牵头单位：＿＿＿（盖章）＿＿＿

联 系 人：
联系电话：
填报日期：　　年　　月　　日

广西壮族自治区科学技术厅
2024 年制

为推动广西壮族自治区*****科技创新、技术进步和成果转化，依据广西壮族自治区*****产业目前实际情况和自治区*****重大科技专项要求，成立广西壮族自治区*****创新联合体（以下简称联合体），经所有成员单位同意，签署联合组建协议，内容如下。

一、参与单位

1. 牵头单位
2. 核心层单位
3. 紧密合作单位
4. 一般协作层单位

二、技术创新目标

三、任务具体分工

四、各成员单位的责权利（明确创新联合体解散时各成员单位的权责分配）

五、科技成果、知识产权归属、许可使用和转化收益等分配办法

六、科研诚信追究方式

七、违约责任追究方式

八、所有成员单位签章